AF299906

EXAMEN

DES

MATIÈRES COLORANTES

ARTIFICIELLES

DÉRIVÉES DU GOUDRON DE HOUILLE

PAR

E. KOPP

Docteur ès-sciences, Pharmacien de 1re classe, ancien Professeur de Toxicologie et de Chimie à l'École supérieure de Pharmacie et à la Faculté des Sciences des Académies de Strasbourg et de Lausanne, Membre de la Société Chimique de Paris, de la Société industrielle de Mulhouse, de la Société Linnéenne, et de la Société des Sciences industrielles de Lyon, etc

---

SECONDE PARTIE

MATIÈRES COLORANTES DÉRIVÉES DU PHÉNOL ET DE LA NAPHTALINE

(Extrait du MONITEUR SCIENTIFIQUE du Dr Quesneville)

PRIX: 5 FRANCS, FRANCO DE PORT PAR LA POSTE

CHEZ L'AUTEUR

GRANDE RUE, 28, A SAVERNE (Bas-Rhin)

1862

TABLE DES MATIÈRES

MATIÈRES COLORANTES ARTIFICIELLES DÉRIVÉES DU GOUDRON

DEUXIÈME PARTIE* — DÉRIVÉS DE LA NAPHTALINE
(Extrait du Moniteur scientifique)

Préparation et Purification de la Naphtaline.

La naphtaline prend naissance dans une foule de circonstances, lorsqu'on soumet des substances organiques à une température élevée, comme par exemple, dans l'acte de la distillation sèche, et en faisant passer les vapeurs des composés organiques volatils à travers des tubes chauffés au rouge.

Aussi la naphtaline se rencontre-t-elle en grande quantité dans le goudron des usines à gaz, qui préparent le gaz de l'éclairage par la distillation de la houille ordinaire. Le goudron des fabriques de gaz à la résine, à l'huile et au bois, en renferme également, mais en proportion moins considérable.

La formation de la naphtaline a également été observée dans la préparation du noir de fumée (Reichenbach), dans la distillation sèche de la poix (Pelletier et Walter), dans le passage du gaz oléfiant (Magnus), du camphre (F. Darcet), de l'acétone, de l'alcool et de l'acide acétique (Bertholet) à travers un tube chauffé au rouge.

La naphtaline fut découverte, pour la première fois, par Gardens, dans le goudron de houille ; mais ce fut Kidd qui en étudia les principales propriétés.

Kidd obtint de grandes quantités de naphtaline, en essayant d'utiliser le goudron de houille pour la préparation des gaz de l'éclairage.

A cet effet, il fit couler du goudron en un filet mince dans une cornue en fonte chauffée au rouge, communiquant d'abord avec un appareil à condensation et ensuite avec un gazomètre.

Dans ces circonstances, le goudron se décompose en fournissant beaucoup de gaz, mais, en même temps, le cylindre ne tarde pas à se remplir complétement de charbon très-divisé. Dans les condensateurs, il se condense une eau ammoniacale, tenant en solution des chlorure et sulfate ammoniques, et sur laquelle nage un goudron noir, mais assez fluide.

Ce goudron est formé principalement d'huile légère (naphte) tenant en dissolution beaucoup de naphtaline.

En le distillant avec précaution, Kidd en retira 1/4 d'eau ammoniacale, 1/4 d'une huile essentielle jaune, p: sp: 0,0204, bouillant à environ 100°, et 1/4 de naphtaline presque pure.

En distillant le goudron ordinaire de houille, on en obtient des huiles essentielles, fluides et légères, puis des huiles plus épaisses et plus lourdes, et enfin une huile jaunâtre ou brunâtre, qui, par le refroidissement, se prend en consistance butyreuse, et laisse déposer de notables quantités de naphtaline. On la recueille sur une toile et on la soumet à l'action d'une forte presse, pour la débarrasser de la majeure partie de l'huile dont elle était imprégnée.

On a souvent observé le dépôt de naphtaline dans le goudron brut des usines, et quelque-

---

* *Note de l'éditeur.* La première partie, consacrée aux dérivés de l'aniline, a paru dans ce journal dans le courant de l'année 1860 et de 1861, jusques et y compris la livraison de juillet. Cent exemplaires de cette première partie, formant 13 feuilles avec table et titre, ont été tirés à part pour l'auteur, et, sur ces cent exemplaires, un certain nombre a été réservé pour couvrir les frais du tirage à part. Le prix des exemplaires réservés est fixé à 6 francs, *franco* de port par la poste. On peut s'adresser indistinctement, pour avoir de ces exemplaires, soit chez l'auteur, M. E. Kopp, Grande-Rue, 26, à Saverne, soit au bureau du *Moniteur scientifique*, chez M. Quesneville, 53, rue de la Verrerie, à Paris, en envoyant *franco* un bon sur la poste, de 6 francs, à l'ordre de celui auquel on s'adressera.   D' Q.

fois même les tuyaux de conduite en fonte de gaz à la houille ont été trouvés encombrés de grandes masses de naphtaline imprégnée d'un goudron noir et gluant.

Reichenbach a attiré l'attention sur ce fait, que la naphtaline se rencontre surtout dans les goudrons qui ont subi l'influence d'une température assez élevée. C'est ainsi que le goudron de bois n'en renferme que des traces, tandis que, d'après Akermann, on trouve de grandes quantités de naphtaline dans les goudrons des usines à gaz qui se servent d'huile de goudron ou de goudron de bois liquide pour la préparation du gaz.

Les hydrocarbures liquides neutres ayant la propriété de dissoudre très-facilement la naphtaline, on facilite la préparation de cette substance en détruisant ou altérant les hydrocarbures liquides, soit par oxydation, soit par chloruration. Par la même raison, il est avantageux de se servir de goudrons exposés longtemps au contact de l'air, et dans lesquels une partie des huiles a été oxydée et résinifiée.

Brooke, ayant mélangé du goudron de houille brut avec du chlorure de chaux et de l'acide sulfurique étendu, et ayant fait bouillir le mélange dans une chaudière ouverte, observa un dégagement de naphtaline tellement abondant, que non-seulement les rebords de la chaudière, mais encore tous les objets de l'atelier se trouvèrent, au bout d'un certain temps, complétement recouverts d'une couche de naphtaline sublimée et neigeuse.

Laurent prépara une notable quantité de naphtaline, en rectifiant du goudron de houille, saturant l'huile obtenue par du chlore, jusqu'à ce qu'elle fût devenue noire, distillant de nouveau ce produit noir, et exposant à un froid de — 10° l'huile condensée.

Les cristaux de naphtaline, filtrés et exprimés, furent purifiés, soit par cristallisation dans l'alcool bouillant, soit par sublimation. La sublimation constitue le procédé de purification le plus simple et le plus économique. Si l'on fait usage de naphtaline brute, aussi bien exprimée que possible entre des toiles ou des feuilles de papier brouillard, on obtient, par première sublimation, un produit assez pur pour tous les besoins de l'industrie.

Cette sublimation peut s'effectuer, soit dans des cornues, soit dans des appareils semblables à ceux usités pour la sublimation de l'acide benzoïque (têt en terre ou en fonte, dans lequel on place la matière première, recouverte par une feuille de papier brouillard collé sur les bords, et le tout surmonté d'un grand cylindre fermé en papier), soit simplement dans de grandes capsules.

On n'a qu'à placer la naphtaline brute au fond de la capsule, recouvrir celle-ci avec une feuille de papier, et chauffer pendant 15 à 30 minutes avec une lampe ou un petit réchaud, de manière à ce que le fond seul de la capsule soit échauffé, et que les parois restent comparativement froides.

Après refroidissement complet, on trouve souvent la capsule toute entière remplie de cristaux feuilletés, très-légers, d'un blanc d'argent magnifique.

Si l'on voulait opérer la sublimation de la naphtaline en grand, on n'aurait qu'à chauffer une bassine en fonte, remplie de naphtaline brute, par un feu extérieur, et faire dégager des vapeurs dans une chambre maintenue suffisamment froide ; ou bien, l'on pourrait faire usage des fours servant à la préparation de la fleur de soufre.

Les propriétés de la naphtaline purifiée sont les suivantes :

Elle cristallise avec la plus grande facilité, sous forme de lames rhomboïdales extrêmement minces, d'un grand éclat, ressemblant presque à de l'argent poli, incolores, d'une odeur goudronneuse, un peu aromatique, d'une saveur d'abord faible, mais qui devient peu à peu irritante et âcre, insolubles dans l'eau froide, peu solubles dans l'eau bouillante, facilement solubles dans l'alcool, l'éther, les essences et les huiles grasses.

La naphtaline fond à 79°, et bout à 220° ; mais quoique son point d'ébullition soit très-élevé, elle se volatilise, comme le camphre, même à la température ordinaire. Elle distille avec la plus grande facilité avec les vapeurs d'eau.

Elle est assez difficile à allumer à l'air libre, et brûle ensuite avec une flamme excessivement fuligineuse.

Elle n'est point attaquée par les alcalis caustiques.

Elle forme, avec l'acide sulfurique, des acides sulfonaphtaliques; avec le chlore, le brome, des chlorures, bromures de naphtaline et de nombreux produits de substitution; avec l'acide nitrique, des naphtalines nitrées, etc.

La composition de la naphtaline est représentée par la formule $C^{20}H^8$.

Elle a été établie par les analyses de MM. Faraday, Laurent, Mitcherlich, et confirmée par M. Dumas, par la détermination de la densité de la vapeur.

Série et combinaisons naphtaliques.

Les combinaisons et les dérivés de la naphtaline sont extrêmement nombreux, et présentent le plus haut intérêt au point de vue scientifique; peut-être qu'ils le deviendront également bientôt au point de vue industriel.

Ils ont été surtout examinés par Laurent, dont les travaux sur les combinaisons naphtaliques, exécutés avec une patience, une exactitude et une sagacité admirables, constituent encore aujourd'hui un modèle de recherches de chimie organique.

Ces recherches ont été publiées dans la *Revue scientifique et industrielle*, du D' Quesneville, vol. VI, p. 76; XI, 361; XII, 193; XIII, 66; XIV, 74, 313, dans le courant des années 1841, 1842, 1843.

Parmi les autres chimistes dont les expériences ont contribué à étendre nos connaissances de la naphtaline et de ses dérivés, nous devons citer MM. Dumas, Berzelius, Woskresensky, Gerhardt, Marignac, Piria, Regnault, Zinin, Wœhler, Perkin, Wood, Troost, Roussin, etc.

Deux circonstances contribuent à rendre très-importante l'étude des dérivés de la naphtaline au point de vue de la préparation des matières colorantes artificielles.

La première réside dans la grande analogie qu'on observe entre les dérivés de la benzine et ceux de la naphtaline, non-seulement sous le rapport de la composition et des réactions, mais encore sous celui des propriétés physiques et chimiques.

Pour mieux faire ressortir ce fait, on n'a qu'à placer en regard plusieurs des principaux composés des deux séries benzinique (ou plutôt phénylique, la benzine étant un hydrure de phényle) et naphtalique :

SÉRIE PHÉNYLIQUE.		SÉRIE NAPHTALINIQUE.	
Benzine ou hydrure de phényle.	$C^{12}H^6$	Naphtaline	$C^{20}H^8$
Trichlorobenzine	$C^{12}H^3Cl^3$	Trichloronaphtaline	$C^{20}H^5Cl^3$
Nitrobenzine	$C^{12}H^5(NO^4)$	Nitronaphtaline	$C^{20}H^7(NO^4)$
Binitrobenzine	$C^{12}H^4(NO^4)^2$	Binitronaphtaline	$C^{20}H^6(NO^4)^2$
Aniline ou phénylamine	$C^{12}H^7N$	Naphtylamine	$C^{20}H^9N$
Nitraniline	$C^{12}H^6(NO^4)N$	Nitronaphzlamine	$C^{20}H^8(NO^4)N$
Azophénylamine ou semibenzidam	$C^{12}H^6N^2$	Azonaphtylamine ou seminaphalidam	$C^{20}H^{10}N^2$
Dinitraline	$C^{12}H^5(NO^4)N^2$	Dinitronaphtylamine	..... ?
Nitrazophénylamine	$C^{12}H^7(NO^4)N^2$	Nitrazonaphtylamine	..... ?
Aniléine ou viol. d'aniline		Naphtaméine	
Acide sulfobenzidique	$C^{12}H^6S^2O^6$	Acide sulfonaphtalique	$C^{20}H^8S^2O^6$
Sulfobenzide	$[C^{12}H^5SO^2]^2$	Sulfonaphtalide	$[C^{20}H^7SO^2]^2$
Nitrosophényline	$C^{12}H^6N^2O^2$	Nitrosonaphtyline	$C^{20}H^8N^2O^2$
etc.	etc.	etc.	etc.

Si l'un ou l'autre des composés de l'une de ces deux séries joue le rôle de base ou d'acide ou présente les propriétés d'une matière colorante, l'on peut être presque certain que le terme correspondant de l'autre série présente des propriétés analogues. Les méthodes de préparation de l'une s'appliquent généralement aux composés dô l'autre série, et il en résulte presque toujours des combinaisons offrant une grande analogie de composition et de propriétés, de sorte que toutes les réactions déjà connues et étudiées dans la série de la benzine, surtout celles qui ont donné naissance à des matières colorantes, méritent d'être essayées dans la série de la naphtaline.

L'expérience a déjà démontré qu'en opérant ainsi l'on arrivait à des résultats très-intéressants, et, l'on ne peut en douter, dans un temps très-rapproché, l'étude chimique et industrielle d la benzine et de l'aniline aura servi à compléter l'histoire de la naphtaline et de la napthyl^{ämi}ine et réciproquement.

La seconde circonstance (qui a été principalement la cause de la grande sensation produite par les dernières communications de M. Roussin) consiste dans ce fait que l'alizarine, le principe colorant essentiel de la garance, c'est-à-dire de l'une des matières tinctoriales naturelles les plus utiles, les plus employées et les plus importantes, paraît appartenir à la série naphtalique.

En effet, la formule la plus probable qu'on peut déduire des analyses d'alizarine faites par MM. Robiquet, Schunck, Debus, Rochleder, Strecker et Wolf (Gerhardt, *Chimie organique*, t. III, p. 502) est : $C^{20}H^{6}O^{6}$. Mais $C^{20}H^{6}O^{6}$ est la formule d'un composé dérivé de la naphtaline par oxydation, qui a reçu le nom d'*acide oxynaphtalique*, et il se pourrait fort bien que l'alizarine, qui joue le rôle d'un acide faible, fût non-seulement isomérique, mais même identique avec l'acide oxynaphtalique.

Ce sont MM. Laurent et Gerhardt auxquels revient le mérite d'avoir les premiers fait ressortir ces relations à la fois si neuves et si intéressantes (*Comptes-rendus de chimie*, par Gerhardt et Laurent, 1849, p. 223). Ils y furent amenés par l'examen comparatif des acides alizarique et phtalique.

M. Schunck (*Ann. de Chimie et Pharm.*, t. LXV, p. 174), en traitant l'alizarine et la garance par l'acide nitrique, observa la formation d'un acide particulier qu'il appela acide alizarique, lequel, chauffé avec précaution, donne naissance à un autre acide qu'il appelle acide pyro-alizarique.

MM. Gerhardt et Laurent, en examinant de plus près ces acides alizarique et pyro-alizarique, reconnurent qu'ils étaient identiques avec l'acide phtalique hydraté $C^{16}H^{6}O^{8}$ et avec de l'acide phtalique anhydro $C^{16}H^{4}O^{6}$, acides qui se produisent simultanément, avec de l'acide oxalique par la réaction prolongée de l'acide nitrique sur la naphtaline.

On a en effet :

$$C^{20}H^{8} + 8O = C^{16}H^{6}O^{8} + C^{4}H^{2}O^{6}$$
Naphtaline. Oxygène. Acide phtalique. Acide oxalique.

D'un autre côté l'on a :

$$C^{20}H^{6}O^{6} + 2HO + 8O = C^{16}H^{6}O^{8} + C^{4}H^{2}O^{8}.$$
Alizarine. Acide phtalique. Acide oxalique.

MM. Laurent et Gerhardt constatèrent en outre que c'était bien de l'acide phtalique qui prend naissance en traitant la garancine ou l'alizarine impure par l'acide nitrique.

Cette découverte importante fut confirmée par MM. Wolf et Strecker (*Ann. de Chim. et Pharm.*, t. LXXV, p. 1), dans leur beau travail sur la composition de l'alizarine et de la purpurine, extraites de la garance.

L'existence de ces relations paraît encore être constatée par les propriétés et la composition de plusieurs combinaisons à la fois chlorées et oxygénées, découvertes par Laurent en étudiant l'action de l'acide nitrique sur les chlorures de naphtaline. Ces combinaisons sont : le chlorure de chloroxynaphtyle (oxyde de chloroxynaphtose) $C^{20}H^{4}Cl^{2}O^{4}$ (Laurent, *Revue scientif. de Quesneville*, t. XIII, p. 591), obtenu en traitant le bichlorure de chloronaphtaline par l'acide nitrique bouillant. Ce composé se présente sous forme d'aiguilles jaunes, insolubles dans l'eau, peu solubles dans l'alcool et l'éther, solubles dans l'acide sulfurique concentré avec une couleur rouge acajou, et qu'une dissolution alcoolique de potasse colore immédiatement en rouge cramoisi, en donnant du chlorure de potassium et du chloroxynaphtalate de potasse. Ce dernier sel étant peu soluble dans l'eau, peut être facilement isolé. Décomposé par un acide, si la liqueur est chaude et un peu étendue d'eau, il laisse déposer peu à peu des cristaux jaunes, insolubles dans l'eau, d'acide chloroxynaphtalique $C^{10}H^3ClO^4$.

Cet acide est un réactif très-sensible pour découvrir la présence des alcalis. Un papier blanc imprégné de sa solution alcoolique, et exposé ensuite à des vapeurs ammoniacales, prend à l'instant même une couleur rouge plus ou moins foncée.

Les chloroxynaphtalates sont de très-beaux sels, généralement peu solubles ou insolubles dans l'eau, et colorés en jaune, en orangé ou en cramoisi.

Les sels de potasse et de soude sont d'un rouge carminé.

Les sels de baryte, de strontiane ou de chaux forment des aiguilles jaunes ou orangées.

Les sels d'alumine et de plomb sont des précipités rouges orangés.

Le sel de cadmium, un précipité vermillon.

Les sels de cobalt, de cuivre ou de fer, des précipités cramoisis ou bruns.

Le sel d'argent est un précipité gélatineux rouge de sang, qui à chaud devient cristallin et carminé.

D'après MM. Strecker et Wolf, l'acide chloronaphtalique, à cause de son caractère acide bien prononcé, ne teint pas le coton mordancé en alumine, qu'il soit huilé ou non huilé.

D'après M. Perkin (Leçons faites à la Société chimique de Londres, t. XVI, mai 1861. *Chemic. News*, 8 juin 1861, p. 352), le sel ammoniacal *teint la soie en jaune d'or brillant et très-stable à la lumière.*

D'après sa composition, l'acide chloroxynaphtalique peut être considéré comme de l'alizarine monochlorée.

$$C^{20}\begin{Bmatrix} H^5 \\ Cl \end{Bmatrix} O^6.$$

En effet, de même que l'alizarine, l'acide chloroxynaphtalique, traité par l'acide nitrique, se convertit en acide phtalique et en acide oxalique.

$$C^{20}H^3ClO^6 + 4HO + O^6 = C^{16}H^6O^8 + C^4H^2O^8 + HCl.$$

Acide   Acide   Acide
chloroxynaphtalique. phtalique. oxalique.

Les réactions d'après lesquelles la naphtaline se transforme en alizarine monochlorée peuvent être représentées par les formules suivantes :

$$C^{20}H^8 + Cl^6 = C^{20}H^7Cl^5 + HCl$$

Naphtaline. Chlore. Bichlorure Acide
de chlorhydrique.
chloronaphtaline.

$$C^{20}H^7Cl^5 + O^4 = C^{20}H^4Cl^2O^4 + 3HCl$$

Bichlorure Oxygène. Oxyde Acide
de de hydrochlorique.
chloronaphtaline. chloroxynaphtose.

$$C^{20}H^4Cl^2O^4 + 2KO = C^{20}H^4ClKO^6 + KCl$$

Oxyde Potasse. Chloroxynaphtalate Chlorure
de chloroxynaphtose. potassique. potassique.

Il résulte de ces formules, comme l'ont fait observer MM. Wolf et Strecker, que si l'on parvenait à oxyder convenablement le chlorure de naphtaline $C^{20}H^8Cl^4$, le produit fixe renfermerait 1 éq. de chlore de moins et 1 éq. d'hydrogène en plus; on obtiendrait ainsi, à la place de $C^{20}H^3ClO^6$, le composé $C^{20}H^6O^6$, *c'est-à-dire de l'alizarine.*

La seconde combinaison découverte par Laurent est le chlorure de perchloroxynaphtyle (oxyde de chloroxynaphtalise) $C^{20}Cl^6O^4$. (Laurent, *Revue scientifique*, t. XIII, p. 595.)

Ce composé s'obtient en attaquant, par l'acide nitrique bouillant, la naphtaline sexchlorée. Il cristallise en paillettes jaune d'or, insolubles dans l'eau, et que la potasse caustique transforme en perchloroxynaphtalate de potasse rouge cramoisi.

Ce dernier, décomposé par un acide, fournit l'acide perchloroxynaphtalique jaune insoluble dans l'eau, cristallisable dans l'alcool et l'éther.

Sa formule est : $C^{20}HCl^5 O^6$.

Il forme également de beaux sels rouges carminés ou cramoisis, généralement insolubles ou très-peu solubles dans l'eau.

L'acide prend naissance en vertu de la réaction suivante :

$$C^{20}Cl^6O^4 + HO + 2KO = C^{20}HCl^5O^6KO + KCl.$$

Chlorure   Eau.   Potasse.   Perchloroxynap-   Chlorure
de   talate   potassique.
perchloroxynaphtyle.   potassique hydraté.

L'acide perchloroxynaphtalique peut être considéré comme de l'alizarine pentachlorée. Mettons en regard ces composés pour mieux faire ressortir leurs analogies :

Alizarine se comportant comme un acide faible $C^{20}H^6O^6$

Acide chloroxynaphtalique $C^{20}(H^5Cl)O^6$

Acide perchloroxynaphtalique $C^{20}(HCl^5)O^6$

Malheureusement, malgré le bas prix de la matière première, la préparation de ces deux derniers composés est non-seulement très-difficile, mais encore très-coûteuse.

Cependant cette circonstance ne serait sans doute pas un obstacle insurmontable pour la fabrication industrielle, qui, dans des cas analogues (par exemple pour la murexide), a su vaincre des difficultés tout aussi considérables, si l'on était parvenu à trouver, ou si l'on découvrait le moyen d'enlever le chlore aux deux acides chloro et perchloroxynaphtalique en lui substituant de l'hydrogène.

MM. Wolf et Strecker l'ont tenté, mais sans succès, soit en mettant de l'acide chloroxynaphtalique humide en contact avec de l'amalgame de potassium (méthode qui avait permis à Melsens de retransformer l'acide chloracétique en acide acétique), soit en soumettant une solution alcaline d'un chloroxynaphtalate à l'influence d'un courant galvanique.

Nous pensons qu'il serait assez intéressant d'examiner l'action exercée par l'aluminium, soit à la pression ordinaire, soit sous une certaine pression, sur cet acide, soit libre, soit engagé dans une combinaison alcaline. Dans cette circonstance, l'hydrogène naissant pourrait peut-être se substituer au chlore, et la réaction serait favorisée par la grande affinité de l'alizarine pour l'oxyde aluminique.

Au lieu de prendre de pareils détours, au lieu d'opérer sur les combinaisons chlorées de la naphtaline, on est tenté de se demander pourquoi l'on ne cherche pas à produire l'alizarine par oxydation directe de la naphtaline au moyen d'acides nitrique, permanganique, chromique, chlorique, iodique, etc.

On pourrait avoir en effet :

$$C^{20}H^8 + O^8 = C^{20}H^6O^6 + H^4O^4.$$

Naphtaline.   Alizarine.   Eau.

Quoique cette réaction soit à la rigueur possible, il n'est cependant pas probable qu'elle puisse donner des résultats avantageux, par la raison que l'alizarine n'est point un produit final difficile à altérer ou à oxyder davantage ; bien au contraire, l'alizarine paraît être même plus facilement oxydable que la naphtaline elle-même. D'après M. Schunk, l'ébullition avec l'acide nitrique étendu ou avec des solutions de sels ferriques suffit pour la transformer en acide phtalique et en acide oxalique.

La naphtaline exige des oxydants assez énergiques et assez concentrés pour être attaquée. On comprend, d'après cela, que l'action une fois commencée ne puisse être arrêtée à un point donné, qui serait l'alizarine, mais qu'elle va de suite plus loin et produit l'acide phtalique. Si le réactif oxydant est en excès, toute là naphtaline se convertira en acide phtalique; si, au contraire, le réactif oxydant est employé en quantite limitée et insuffisante, ce ne sera pas toute la naphtaline qui s'oxydera proportionnellement à la quantité d'oxygène qui est mise en présence, mais il se produira encore de l'acide phtalique, c'est-à-dire le produit le plus oxydé, et une quantité correspondante de naphtaline restera sans être attaquée.

Il faut encore tenir compte de la grande tendance de l'acide nitrique à déterminer la formation de composés nitrés, et des acides oxygénés des corps halogènes à favoriser la formation des chlorures, bromures   naphtaline plus ou moins oxydés ou mélangés de composés résultant de l'oxydation de l naphtaline.

Laurent a cependant mentionné une réaction extrêmement curieuse. (*Revue scientif.*, t. XIV, p. 560.) Une seule fois, en chauffant la naphtaline avec une solution de bichromate de potasse et en y ajoutant de l'acide sulfurique ou hydrochlorique, il obtint une belle matière colorante rouge, qu'il appela carminaphte [$C^{18}H^4O^3$?], qui se dissolvait dans les alcalis et que les acides précipitaient sans altération de cette solution.

M. Perkin, quoique variant cette expérience de bien des manières, n'a jamais réussi à obtenir un produit semblable par l'oxydation de la naphtaline.

Si les alizarines chlorées (acide chloro et perchloroxynaphtalique) peuvent être obtenues par l'action de corps oxydants, comme par exemple l'acide nitrique, sur les composés chlorés de la naphtaline, cela provient de ce que ces derniers sont moins facilement attaquables et oxydables que la naphtaline elle-même, et que les chloroxynaphtyles deviennent d'autant plus résistants à l'action de l'acide nitrique même bouillant, qu'ils renferment plus de chlore et d'oxygène.

D'après ce qui précède, on comprend le vif intérêt qui s'attache aux recherches sur les dérivés colorés de la naphtaline. Dernièrement, ce sont surtout les composés nitrés, la nitronaphtaline et la binitronaphtaline qui ont attiré l'attention, par suite des propriétés remarquables que présentent les corps résultant de leur réduction.

Nous examinerons d'abord la nitronaphtaline et ses dérivés.

Nitronaphtaline.

La nitronaphtaline (nitronaphtalase, naphtaline mononitrée) $C^{10}H^7NO^4$ s'obtient facilement en traitant la naphtaline par cinq à six fois son poids d'acide nitrique bouillant du commerce. Elle se présente sous forme d'huile rougeâtre, qu'on lave à plusieurs reprises avec de l'eau chaude. Après qu'elle s'est solidifiée par le refroidissement, on l'exprime très-fortement pour se débarrasser d'un liquide huileux rougeâtre qui accompagne ordinairement la nitronaphtaline préparée à chaud. Pour obtenir cette dernière à l'état de pureté, on la fait cristalliser à plusieurs reprises dans l'alcool. (Gerh., *Chimie organ.*, t. III, p. 446.)

On peut aussi opérer à froid en se servant d'acide nitrique concentré (ou d'un mélange de 1 volume d'acide sulfurique avec 5 à 6 volumes d'acide nitrique ordinaire. E. Kopp), ou même d'acide nitrique du commerce. Les proportions les plus convenables sont : 1 partie de naphtaline broyée pour 5 à 6 parties d'acide nitrique du commerce à la densité de 1.33. On empêche l'agglomération du produit en remuant le mélange des deux substances avec une spatule: cette précaution est surtout nécessaire au commencement de l'opération pour empêcher qu'une portion de la naphtaline échappe à l'action de l'acide. Au bout de 5 à 6 jours, la transformation est complète et la nitronaphtaline ainsi obtenue, après lavage à l'eau, présente une couleur d'un jaune citrin pur, sans contenir de liquide huileux rougeâtre.

M. Roussin (*Comptes-rendus*, t. LII, 22 avril 1861, n° 16) a fait usage du procédé Laurent, très-légèrement modifié. On introduit dans un ballon de 8 litres 1 kilogramme de naphtaline ordinaire avec 6 kilogrammes d'acide nitrique du commerce, et l'on dispose l'appareil sur un bain-marie d'eau bouillante. La naphtaline fond d'abord et reste surnageante à la partie supérieure. On agite vivement le ballon de temps en temps ; quelques vapeurs rutilantes se dégagent, et peu à peu la couche huileuse gagne le fond. L'opération est alors terminée. On s'empresse de décanter l'acide surnageant et on verse la matière huileuse dans une terrine, où elle se fige rapidement. On le divise au moment de sa solidification en l'agitant sans cesse, et on le lave à plusieurs reprises pour lui enlever l'excès d'acide. Pour purifier la nitronaphtaline, il suffit de la faire fondre et de la comprimer fortement après refroidissement. La nitronaphtaline fondue filtre au papier et passe aussi rapidement que l'eau. Les pains de nitronaphtaline solides sont d'une couleur rougeâtre, vus en masse; mais la poudre est d'une belle couleur jaune. Si la compression a été suffisamment énergique pour chasser une huile rouge qui imprègne la masse, la nitronaphtaline préparée ainsi est très-pure. On obtient à peu près la quantité théorique.

Les eaux-mères acides de cette préparation renferment divers produits, et notamment de la binitronaphtaline blanche, qui cristallise souvent par le refroidissement. Les eaux-mères contiennent encore une grande quantité d'acide azotique coloré en jaune et pourront être utilisées.

Propriétés de la nitronaphtaline. La nitronaphtaline est d'un jaune de soufre, insoluble dans l'eau, fort soluble à chaud dans l'alcool, l'éther, l'huile de pétrole, le chlorure de soufre; elle cristallise en aiguilles cassantes, qui sont des primes à 6 pans.

Elle fond à 43°, et, au moment de la solidification, le thermomètre remonte à 54°. Elle est volatile sans décomposition, pourvu qu'on ne la chauffe pas brusquement. Soumise à l'action de l'hydrosulfate d'ammoniaque (Zinin), de l'acide acétique et du fer (Béchamp), de l'acide chlorhydrique et de l'étain (Roussin), de l'acide sulfurique et du fer (E. Kopp), elle se convertit en naphtylamine.

Avec le sulfite ammonique elle forme les acides thionaphtamique et naphthionique (Piria).

Soumise à l'action du chlore et d'une forte chaleur, la nitronaphtaline se convertit soit en naphtaline trichlorée a, soit en naphtaline quadrichlorée a. Le brome paraît former de la naphtaline bibromée.

Bouillie avec du soufre, elle se décompose en dégageant de l'acide sulfureux.

L'acide nitrique bouillant la convertit en binitronaphtaline.

L'acide sulfurique fumant la transforme en acide sulfonaphtalique nitré.

En employant un excès d'acide sulfurique et faisant bouillir, il y a réaction, dégagement d'acide sulfureux et production d'une matière colorante brune, soluble dans l'eau et d'une couleur très-intense. La majeure partie de cette matière brune reste en solution, même en saturant par de la chaux ou de la craie (E. Kopp).

Une dissolution alcoolique et bouillante de potasse ne décompose pas la nitronaphtaline; mais quand on la chauffe dans une cornue avec 7 à 8 fois son poids de chaux ou de baryte légèrement hydratée, elle dégage de l'ammoniaque, de la naphtaline, une matière huileuse et un corps auquel Laurent a donné le nom de *naphtase*. [$C^{20}H^4O$]?

Ce dernier produit reste attaché au col de la cornue sous forme de petites aiguilles; il est jaune, volatil, insoluble dans l'eau et l'alcool, presque insoluble dans l'éther. La plus petite quantité de ce corps suffit pour colorer en beau bleu violacé une grande quantité d'acide sulfurique; l'eau l'en précipite sans altération.

M. Dusart a examiné en 1855 (*Comptes rendus*, t. XLI, 24 septembre, p. 403) une réaction analogue. Si l'on fait un mélange de 2 p. de potasse caustique et 1 p. de chaux vive qu'on humecte d'eau, de manière à avoir une bouillie épaisse et qu'on y projette peu à peu 1 p. de nitronaphtaline, la masse prend une coloration jaune rougeâtre qui est due à la formation d'un acide particulier.

On chauffe pendant 6 heures environ à 100°, en remplaçant de temps à autre l'eau évaporée. La masse lavée par décantation, jusqu'à ce que l'eau ne soit plus alcaline, est traitée par de l'acide chlorhydrique qui enlève la chaux.

Le produit ainsi obtenu renferme deux matières, l'une jaune et cristallisable, l'autre brune et incristallisable. On distille soit par la vapeur d'eau, soit à feu nu. Dans ce dernier cas, on s'arrête lorsque des vapeurs rouges commencent à paraître. La matière distillée se prend presque immédiatement en cristaux et représente la *nitrophtaline* (phtaline nitrée) $C^{10}H^7NO^4$.

La nitrophtaline cristallise dans l'alcool bouillant en aiguilles d'une couleur jaune paille, insipides, d'une faible odeur aromatique. Elle fond à 48°, bout à 290° et distille à 300°-320°. Elle est très-soluble dans l'alcool, l'éther et le carbure d'hydrogène, un peu soluble dans l'eau bouillante. La potasse en solution très-concentrée l'attaque en donnant un acide jaune (acide nitrophtalinique). Distillée avec un mélange de potasse et de chaux, la nitrophtaline donne beaucoup d'ammoniaque, une huile jaune odorante et de longues aiguilles qui communiquent à l'acide sulfurique une coloration d'un beau bleu violacé (naphtase). La matière huileuse se dissout légèrement dans l'eau ; quelques gouttesde chlorure ferrique font prendre à la solution une couleur bleue intense d'où se précipitent bientôt des flocons bleus que les alcalis font virer au rouge. L'acide sulfurique dissout la nitrophtaline en se colorant en rouge. En faisant digérer pendant plusieurs heures la nitrophtaline avec une solution alcoolique de sulfure ammonique à 50° de température, elle se convertit en une base, la *phtalidine* $C^{16}H^9N$. La phtalidine est cristallisable, fusible à 22° et bout à 255° ; mais en se décomposant : elle est soluble dans l'eau, l'alcool et l'éther ; fondue, elle présente une couleur rouge de réalgar.

Quelques gouttes de chlorure ferrique communiquent à la solution aqueuse de la phtalidine une belle couleur bleue. Les sels de phtalidine sont généralement cristallisables et colorés en bleu plus ou moins intense.

La nitrophtaline chauffée à 100° avec 2 p. de potasse caustique et 1 p. de chaux vive se convertit en *acide nitrophtalique* $C^{10}H^{14}NO^{16}$, qui se retrouve comme produit secondaire dans les eaux alcalines de la préparation de la nitrophtaline. C'est un acide cristallisable en aiguilles jaune d'or, non volatil, peu soluble dans l'eau, se dissolvant facilement dans l'alcool. Chauffé, il fuse avec résidu de charbon, comme le font la plupart de ses sels.

Le sel de potasse est jaune rougeâtre, très-soluble dans l'eau, et présente une forme colorante jaune assez intense. Sa solution précipite le nitrate d'argent en beau rouge ; l'acétate de plomb en jaune orange, et les sels de cuivre en jaune verdâtre.

Dans une communication très-récente (*Comptes-rendus*, t. LII, 10 juin 1861, p. 1183), M. Dusart est revenu sur ces mêmes réactions, mais en les modifiant. Il a obtenu des résultats très-intéressants, dont voici les plus importants :

Acide nitroxynaphtalique. $C^{10}H^8(NO^4)O^2$. — Pour le préparer, on mélange 1 p. de nitronaphtaline, 1 p. de potasse caustique et 2 p. de chaux éteinte, avec une quantité d'eau juste suffisante pour obtenir une masse pulvérulente. On l'introduit dans une cornue tubulée, chauffé à 140°, en faisant passer un courant très-lent d'air ou d'oxygène. Le mélange jaunit de plus en plus, et, au bout de 10 à 12 heures, la presque totalité de la nitronaphtaline se trouve oxydée.

Le mélange, retiré de la cornue, cède à l'eau un sel de potasse jaune rougeâtre, d'un pouvoir colorant considérable. Les acides, ajoutés en petit excès à la solution, la font prendre en bouillie épaisse, formée d'un corps jaune très-beau, qu'on n'a qu'à laver à l'eau distillée froide pour l'obtenir presque pur.

C'est l'acide nitroxynaphtalique, qui ne diffère de la nitronaphtaline qu'en ce qu'il renferme 1 éq. d'oxygène et 1 éq. d'eau en plus.

$$C^{10}H^7(NO^4) + O + HO = C^{10}H^8(NO^4)O^2.$$
Nitronaphtaline.   Acide Nitroxynaphtalique.

Les nitroxynaphtalates ont pour formule :

$$C^{10}H^7(NO^4)O + HO.$$

L'acide nitroxynaphtalique est soluble dans l'eau, l'alcool, l'esprit de bois et l'acide acétique ; ce dernier le laisse cristalliser en belles aiguilles jaunes. Sa saveur est fraîche d'abord ; puis amère ; il fond à 100° et n'est pas volatil ; il forme, avec les alcalis, des sels très-solubles, cristallisables, d'une coloration intense, et qui donnent, par double décomposition avec les sels métalliques, des précipités diversement colorés.

Il s'échauffe au contact de l'acide sulfurique, en développant de l'acide sulfureux. L'acide nitrique l'attaque vivement, donnant de l'acide oxalique et une résine rougeâtre, qui finit par se convertir en acide phtalique.

L'acide nitroxynaphtalique peut être utilisé en teinture comme l'acide nitropicrique.

Les agents réducteurs énergiques le transforment en *oxynaphtyline*. $C^{10}H^{10}NO^{2}$.

L'oxynaphtylamine est une base faible, qui ne peut exister en liberté sans se colorer rapidement; au contact des alcalis en excès, elle prend instantanément une couleur noire, verdâtre. Elle se combine avec les acides énergiques, et forme des sels, souvent cristallins, qui se colorent rapidement. Chauffée avec un excès de potasse caustique, elle dégage de l'ammoniaque en se dissolvant, et donne une liqueur colorée en vert intense; les acides en précipitent un acide rouge violacé. Les nitrites alcalins, en contact avec la solution d'hydrochlorate d'oxynaphtyline neutre, déterminent un abondant dégagement d'azote, et la séparation de cristaux incolores.

En comparant le dernier travail de M. Dusart avec le premier, il nous paraît extrêmement probable que l'acide nitrophtalique est identique avec l'acide nitroxynaphtalique, et que sa formule doit être corrigée en $C^{20}H^{8}NO^{6}$.

Il serait possible qu'une correction fût également nécessaire pour la formule de la nitrophtaline. M. Dusart rendrait certainement service à la science en revoyant son premier travail, pour le fondre avec le mémoire qu'il vient de publier.

Le dérivé le plus important de la nitronaphtaline, c'est la *naphtylamine* (naphtalidam, naphtalidine), dont la formule est $C^{20}H^{9}N$.

La naphtylamine peut se préparer de différentes manières (Gerhardt, *Chim. org.*, III, p. 464 et p. 330) : par réduction de la nitronaphtaline au moyen de sulfhydrate ammonique (procédé Zinin), ou au moyen de l'acide acétique et du fer (procédé Béchamp); par la décomposition de thionaphtamates alcalins par l'acide sulfurique étendu (procédé Piria). M. Roussin a décrit le procédé suivant, très-élégant et très-pratique, pour la préparation de l'hydrochlorate de naphtylamine (*Compt.-rendus*, LII, p. 797).

On introduit dans un ballon 6 p. d'acide chlorhydrique du commerce, 1 p. de nitronaphtaline, et l'on ajoute à ce mélange une quantité de grenaille d'étain telle, qu'elle atteigne la surface de ce mélange. Le liquide ne doit occuper que la moitié de la capacité du ballon. On porte l'appareil au bain-marie, et l'on agite de temps en temps. Au bout de quelques instants une réaction énergique se déclare; la nitronaphtaline disparaît, et la liqueur devient limpide, quoique colorée en brun.

On décante le liquide dans une terrine en grès, contenant de l'acide hydrochlorique, étendu de moitié de son volume d'eau. La liqueur se solidifie presque complétement par la cristallisation du chlorhydrate de naphtylamine. Lorsque la bouillie est complétement froide, on la met à égoutter sur une toile forte, et on la soumet à une compression énergique.

Pour purifier le sel, il suffit de le dessécher complétement, de le faire dissoudre dans l'eau bouillante, d'y ajouter du sulfure de sodium pour précipiter l'étain, et de filtrer la liqueur sur du papier mouillé, qui retient une matière goudronneuse. Par le refroidissement, le chlorhydrate de naphtaline cristallise. On l'égoutte, on l'exprime, et on le sèche à 100°.

Le chlorhydrate de naphtylamine se sublime facilement à la façon de l'acide benzoïque ou du sel ammoniac. Il est alors très-léger, en flocons, d'une blancheur éclatante et d'une grande pureté (Gerhardt, *Chim. org.*, III, p. 405). Les eaux-mères, de la dernière cristallisation du chlorhydrate de naphtylamine peuvent servir à la préparation de la naphtylamine elle-même, ou être utilisées dans cet état.

En préparant la naphtylamine, il sera bon de tenir compte de l'observation de M. de Wildes, qu'il faut distiller les sels de naphtylamine avec de la chaux vive, et non avec de la chaux hydratée, puisque, sous l'influence de cette dernière, la plus grande partie de la naphtylamine est de nouveau transformée en naphtaline.

Nous devons mentionner que d'après MM. Schützenberger et Willm (*Comptes-rendus*, XLVII, p. 82), le produit de la réduction de la nitronaphtaline par l'acétate ferreux est un mélange de 2 bases, qu'on peut séparer en utilisant la différence de solubilité de leurs sulfates dans l'eau. Le sel le moins soluble est le sulfate de naphtylamine C^{10} H^9N,SO^3,HO + 2HO; le sel le plus soluble est le sulfate de phtalamine $C^{16}H^9NO^4$, SO^3, HO + 2 HO.

La phtalamine est une base huileuse, plus lourde que l'eau, dont les sels rougissent moins facilement à l'air que ceux de la naphtylamine.

Propriétés de la naphtylamine et de ses sels. — La naphtylamine forme des aiguilles blanches, fines, soyeuses, d'une odeur forte et désagréable, d'une saveur amère et piquante. Elle fond à 50°, bout à environ 300°, et distille sans altération. Elle est presque insoluble dans l'eau, mais très-soluble dans l'alcool et l'éther. Elle s'altère légèrement à l'air, en se colorant en violet. Elle se dissout parfaitement dans les acides, en donnant des sels blancs ordinairement bien cristallisés.

Traitée par l'acide nitrique concentré, elle se transforme en une poudre brune, soluble dans l'alcool en un liquide rouge ou violacé. Quelquefois aussi, il se forme des cristaux dorés, semblables à la murexide. L'acide nitrique colore en violet tous les sels de naphtylamine. (Liébig, *Chim. org.*, III, p. 178.)

Lorsqu'on fait passer du chlore dans une solution aqueuse d'hydrochlorate de naphtylamine, elle se colore en violet en séparant une résine brune.

En condensant dans une solution éthérée de naphtylamine les vapeurs d'acide cyanique, on obtient l'urée naphtylique C^{22} H^{10} N^2 O^2, qui cristallise dans l'alcool en belles aiguilles aplaties, et y forme, avec l'acide oxalique, un précipité cristallin.

La décomposition spontanée de l'urée naphtylique donne naissance à un corps résineux, dont la solution alcoolique est rouge, mais passe au violet par l'addition d'un acide. La neutralisation de l'acide par un alcali rétablit la teinte primitive. (Schiff., *Journ. fur. pract. Chem.*, LXX, p. 264 et LXI, p. 108).

Des composés très-intéressants prennent naissance lorsqu'on expose la nitronaphtaline ou ses sels, dans des circonstances tout à fait semblables, à l'action des mêmes réactifs qui donnent naissance aux matières colorantes dérivées de l'aniline.

Nous les désignerons sous le nom général de naphtaméines, quoique la naphtaméine proprement dite soit plutôt le correspondant de l'aniléine (indisine, violet d'aniline), et qu'on devrait admettre des naphtalifuchsines et naphtazaléines, correspondant aux fuchsines et azaléines de l'aniline.

NAPHTAMÉINES.

La naphtaméine proprement dite fut découverte par Piria (*Ann. de Phys. et de Chim.* (3), xxxi, p. 217). En faisant réagir du perchlorure de fer, du chlorure d'or, du nitrate d'argent, du bichromate et manganate potassiques, et en général les corps oxydants sur les sels de naphtylamine, il se forme un précipité d'une couleur azurée très-belle qui, peu à peu, passe au pourpre. On filtre, on lave parfaitement avec de l'eau et on fait sécher. Suivant le mode de préparation, la nuance de la naphtaméine varie. Par l'action du chlorure ferrique sur une solution aqueuse d'hydrochlorate de naphtylamine un peu alcoolisée, qui provoque la réduction du sel ferrique en sel ferreux et la formation d'ammoniaque (Piria), on obtient une naphtaméine légère, amorphe, d'une couleur pourpre foncé, semblable à l'orcéine. Elle est insoluble dans l'eau, les acides et les alcalis caustiques. Elle se dissout en faible quantité dans l'alcool, mais facilement dans l'éther. La solution éthérée de naphtaméine est de couleur pourpre intense et dépose par l'évaporation spontanée, la matière colorante à l'état amorphe. L'acide sulfurique concentré la dissout à froid, en produisant un liquide bleu qui ressemble à une dissolution d'indigo dans l'acide sulfurique. Par l'addition d'eau, la naphtaméine en est précipitée, mais déjà un peu altérée. La naphtaméine se dissout également dans l'acide acétique avec une belle couleur violette; cette solution n'est point troublée en l'étendant d'eau.

On peut l'employer pour la teinture de la soie et du coton ou pour l'impression; mais malheureusement les nuances ont si peu de vivacité et de brillant, qu'elles ne promettent guère pour l'avenir de la naphtaméine comme matière colorante industrielle. (Perkin, *Chem., News.* 1861, n° 79, p. 352.)

La solution acétique de la naphtaméine est précipitée par presque tous les acides, alcalis et sels alcalins, terreux et métalliques. M. Piria n'a trouvé que l'acide tartrique qui ne possédât la propriété de précipiter la naphtaméine. Celle-ci, exposée à la chaleur, fond et se décompose en dégageant une vapeur aromatique ayant l'odeur de la naphtaline, et en laissant un charbon qui ne se consume que difficilement, mais sans laisser de résidu. Les analyses de naphtaméine ont donné des résultats fort peu concordants à M. Piria, soit parce qu'elle est difficile à purifier, ou plutôt parce qu'il existe plusieurs espèces de naphtaméines, comme il y a plusieurs variétés d'aniléines.

Nous avons eu nous-même l'occasion de constater la propriété de la naphtaméine de se réduire sous l'influence d'agents désoxydants et de se réoxyder au contact de l'air ou de l'oxygène. (*Répert. de Chim. appl.*, 1860, nov., p. 345.)

M. H. Schiff, dans son travail sur les dérivés de la naphtylamine, publié en 1857 (*Chemic. Gaz.*, p. 211), s'est également occupé de la naphtaméine. Il constata que la matière colorante bleu indigo se produisait par l'action de chlorure de platine, de chlorure de zinc, de bichlorure d'étain, de sublimé corrosif et d'acide chromique sur les sels de naphtylamine; le composé bleu ne renfermait cependant jamais ni chlore ni métal, et ses propriétés étaient conformes à celles indiquées par Piria. Il est incristallisable, ne forme point de combinaison ni avec les bases ni avec les acides, et n'est point altéré par l'acide sulfureux. Plusieurs analyses de cette matière colorante donnèrent des nombres pouvant être représentés par la formule :

$$C^{40}H^9NO^2.$$

M. Schiff en tire la conséquence, qu'en passant à l'état de naphtaméine, la naphtylamine ne perd point de l'hydrogène et les éléments de l'ammoniaque, comme l'admet M. Piria, mais que le composé bleu résulte simplement de l'oxydation de la naphtylamine, et il propose de lui donner le nom d'oxynaphtylamine.

Ce nom nous paraît mal choisi, puisqu'il ferait supposer que le composé bleu joue le rôle base. Il vaut bien mieux conserver le nom bien plus convenable de naphtaméine. On évite en même temps l'inconvénient d'avoir dans la science deux substances tout à fait distinctes, possédant des propriétés et une composition différentes, et qui seraient désignées par le même nom.

On aurait en effet :

L'oxynaphtylamine de M. Schiff. . . . . = $C^{20}H^9NO^2$

L'oxynaphtylamine de M. Dusart. . . . . = $C^{60}H^{10}NO^2$

Nous pensons que le nom d'oxynaphtylamine doit être réservé uniquement à la base de M. Dusart, résultant de l'action d'agents réducteurs sur l'acide nitroxynaphtalique.

M. Roussin (*Comptes-rendus*, 1861, 22 avril, p. 708) paraît avoir également produit une espèce de naphtaméine dans les circonstances suivantes :

Lorsqu'on chauffe le chlorhydrate de naphtaline brut, c'est-à-dire renfermant du perchlorure d'étain (1) à une température de $+ 230°$ à $+ 260°$, en outre de la grande proportion de sel organique qui se sublime, il reste dans la cornue une masse noirâtre, brillante, comme frittée. Cette matière est réduite en poudre fine et traitée à plusieurs reprises par l'eau bouillante pour lui enlever tout ce qu'elle renferme de soluble. Après la dessiccation, on la traite

(1) Est-ce bien du perchlorure d'étain? La réaction s'accomplissant sous l'influence d'un excès d'étain, on devrait penser que c'est plutôt du chlorure stanneux qui se trouve en solution.   R. KOPP.

par l'alcool bouillant, qui la dissout presque complétement en prenant une coloration rouge-violette très-intense. Appliquée sur des étoffes, cette couleur est inaltérable à la lumière, aux acides et aux alcalis. [Mais malheureusement elle présente le défaut général des naphta-méines, c'est de ne posséder ni l'éclat, ni la beauté, ni le brillant, ni la pureté de nuance des violets d'aniline. E. K.]

Mais les recherches les plus intéressantes, au point de vue industriel, sur les naphtaméines sont celles de MM. Scheurer-Kestner et P. Richard.

Il résulte d'un document présenté à l'Académie des sciences (*Compt.-rend.*, LII, N° 23, p. 1182), que leur travail avait été achevé avant le 15 nov. 1860, et déposé, à cette date, à la Société industrielle de Mulhouse, mais qu'il n'avait pu recevoir la moindre publicité. Nous transcri-vons, dans ce qui suit, le résumé des expériences de MM. Scheurer-Kestner et Paul Richard, tel qu'il nous a été communiqué par les auteurs.

Nous avons fait réagir sur la naphtylamine les corps employés ordinairement pour la pré-paration des rouges d'aniline.

Les grandes analogies de propriétés qui existent déjà entre ces deux alcaloïdes se remar-quent également dans ces nouvelles réactions. Ainsi, de même qu'avec l'aniline, les nuances produites par le bichlorure d'étain anhydre sont moins bleues que celles obtenues avec les autres réactifs. Pour préparer le rouge de naphtylamine au moyen du bichlorure d'étain anhydre, on porte à l'ébullition le mélange convenable des deux matières (environ 1 partie de bichlo-rure d'étain et 1 1/2 partie de naphtylamine). Le mélange brunit promptement et forme un liquide syrupeux noir, qui durcit par le refroidissement. — En traitant cette matière par un mélange d'eau et d'alcool, ce liquide se colore en rouge cramoisi ; la matière colorante est précipitée de sa dissolution par le sel marin ou par le carbonate de soude.

On peut teindre des tissus de soie ou de laine dans la dissolution ci-dessus. La nuance obtenue ainsi se rapproche de celles fournies par la fuchsine (provenant du traitement de l'aniline par le bichlorure d'étain anhydre), sans cependant en avoir l'éclat, ce qui peut tenir à ce que la matière a besoin d'être purifiée par des dissolutions et des précipitations suc-cessives.

En chauffant la matière brute ci-dessus avec un excès de naphtylamine, vers 200° centigr., le mélange passe d'abord au violet, puis bleuit. Si la quantité de naphtylamine a été suffi-sante, on obtient un bleu gris, qui se dissout assez difficilement dans un mélange d'eau et d'alcool ordinaire, mais facilement dans l'alcool méthylique en produisant une dissolution d'un bleu foncé.

La soie teinte dans cette dissolution prend une nuance d'un gris bleu qui manque de vivacité.

Lorsqu'on prépare le rouge de naphtylamine, au moyen du nitrate de mercure, il n'est pas nécessaire de faire bouillir le mélange.

La réaction peut s'achever au bain-marie, comme cela du reste a lieu avec l'aniline. Au bout de quelques minutes déjà la matière se violace ; on ajoute le sel de mercure par petites portions à la fois, et il reste, lorsque l'opération est terminée, un vernis rouge soluble dans un mélange d'eau et d'alcool, et précipitable par les sels alcalins.

Lorsqu'on chauffe vers 150° un mélange de naphtylamine et d'acide azotique, ou simple-ment l'azotate de cette base, le mélange bleuit, et, au bout de peu d'instants, une vive réac-tion se manifeste ; si l'on n'a pas soin d'enlever la capsule du feu, au moment où la réaction commence, elle devient tumultueuse et se transforme en une véritable combustion ; au bout de peu d'instants, il ne reste qu'un charbon spongieux.

Il faut donc avoir soin de ne pas dépasser le degré de chaleur nécessaire pour la transfor-mation de la naphtylamine en matière colorante. Dans cette circonstance, on obtient une matière colorante analogue aux précédentes et transformable en matière violette ou bleue par l'emploi d'un excès de naphtylamine.

Propriétés du rouge de naphtylamine.

Les rouges de naphtylamine paraissent, en général, être un peu moins solubles que ceux d'aniline. Les tissus chargés de cette matière colorante et exposés à l'air se ternissent peu à peu et se décolorent.

Les alcalis faibles sont sans action; ceux concentrés, au contraire, détruisent la matière colorante.

Les acides minéraux énergiques n'exercent pas d'action sur les rouges de naphtylamine. L'acide sulfurique seul les dissout en produisant une solution d'un vert émeraude, qu'une addition d'eau ramène au rouge.

Ces propriétés permettront de distinguer facilement les couleurs de la naphtylamine de celles obtenues avec l'aniline.

En effet, les rouges d'aniline, ainsi que les violets et les bleus, obtenus au moyen de ces rouges, sont jaunis par les acides sulfurique ou chlorhydrique; le violet d'aniline est bleui par ces mêmes acides, tandis que les rouges de naphtylamine ne sont pas modifiés; l'acide sulfurique concentré, seul, verdit ces derniers.

La naphtylamine qui a servi à ces préparations a été préparée par le procédé de M. Béchamp (réduction de la nitronaphtaline par l'acide acétique et la limaille de fonte).

Nitrosonaphtyline (C^{10} H^8 N^2 O^2).

L'acide nitreux et les nitrites exercent une action bien remarquable sur la naphtylamine et sur ses sels. (Church et Perkin, *The Quart. Journ. of Chem. Soc.*, avril 1856, p. 1. *Instit*., 1856, p. 299).

Ganahl et Chiozza, *Chem. Centrbl.*, 1856, p. 820.

Elle a surtout été étudiée par M. Perkin.

Lorsqu'on mélange des solutions de nitrite de potasse et d'hydrochlorate de naphtylamine, il se forme immédiatement un précipité rouge-brun. On le recueille sur un filtre, on le lave, et après l'avoir fait sécher, on le redissout dans l'alcool, on filtre et l'on évapore la solution alcoolique à siccité au bain-marie. On obtient ainsi une substance cristalline rouge foncé, présentant des reflets verts métalliques. C'est la *nitrosonaphtyline*, qui n'est rien autre chose que la naphtylamine, dans laquelle H est remplacé par NO^2. En effet :

$$\left(\underset{\text{Naphtylamine.}}{C^{10}\ H^9\ N} \quad + \quad \underset{\text{Acide nitreux.}}{NO^3} \quad = \quad \underset{\text{Nitrosonaphtyline.}}{C^{10}\ H^8\ N,\ NO^2} \quad + \quad \underset{\text{Eau.}}{HO} \right)$$

La nitrosonaphtyline peut encore être obtenue par réduction de la binitronaphtaline au moyen de l'hydrogène naissant (1).

La nitrosonaphtyline se dissout dans l'alcool et dans la benzine, formant des solutions rouge-orange. L'addition d'eau la précipite de sa solution alcoolique avec une couleur écarlate. Elle est insoluble dans l'eau et dans les acides étendus, mais soluble dans l'acide sulfurique concentré avec une couleur pourpre bleuâtre. Les alcalis ne l'altèrent pas. Lorsqu'on ajoute un acide à la solution alcoolique, celle-ci acquiert immédiatement une coloration violette magnifique, pouvant rivaliser, par la pureté et la beauté de la nuance, avec les plus beaux violets d'aniline; mais l'addition d'un alcali, en neutralisant l'acide, ramène la teinte orange primitive.

Voici quelques-unes des expériences de teinture et d'impression faites avec cette substance par M. Perkin.

En imprimant sur la toile une solution aqueuse épaissie d'un sel d'aniline, séchant et passant ensuite dans un bain formé par une solution aqueuse de nitrite de potasse, la nitroso-

(1) Il se pourrait cependant que, dans cette circonstance, M. Perkin ait confondu la nitrosonaphtyline avec a ninaphtyline. R. K.

naphtyline se précipite sur la toile, la colorant en rouge-orange. Mais cette coloration ne résiste pas bien à l'action d'une solution bouillante de savon.

Une solution alcoolique teint le lin et le coton en orange.

De la soie peut être teinte en violet superbe avec la nitrosonaphtyline, à la condition toutefois que le bain soit rendu acide par un acide assez énergique, comme, par exemple, les acides sulfurique, hydrochlorique, etc. Mais malheureusement la soie ainsi teinte, lorsqu'on la lave à l'eau, reprend immédiatement la coloration rouge-orange de la nitrosonaphtyline pure.

Si pour conserver la nuance violette on fait sécher la soie, sans la rincer à l'eau, au bout de peu de temps elle est brûlée et altérée sous l'influence de l'acide resté dans la fibre textile. Même les acides tartrique et oxalique exercent à la longue par leur présence une action pernicieuse pour la ténacité du tissu.

Si la nuance violette pouvait être fixée sans danger pour la toile, il n'y a pas de doute que la nitrosonaphtyline serait bientôt rangée parmi les matières colorantes les plus utiles, comme étant une des plus belles et des moins dispendieuses.

M. Perkin a essayé de préparer un acide sulfonitrosonaphtylique, dans l'hypothèse que si une pareille combinaison pouvait être produite, elle posséderait une couleur violette, puisqu'elle serait par sa nature même un acide.

Mais quoique l'acide sulfurique dissolve la nitrosonaphtyline, formant une solution bleue, il n'en résulte aucune combinaison.

M. Perkin essaya encore d'obtenir le résultat désiré en traitant l'acide sulfonaphtylamique par l'acide nitreux; mais la réaction ne produisit que de la nitrosonaphtyline, l'acide sulfurique étant simplement éliminé de l'acide sulfonaphtylamique.

MM. Schützenberger et E. Wilm (*Comptes-rendus*, ch. XLVI, 10 mai 1858, p. 894), en étudiant l'action de l'acide nitreux sur la naphtylamine, ont également obtenu des résultats extrêmement intéressants.

Voici un résumé de leur travail :

Lorsqu'on traite le chlorhydrate de naphtylamine par le nitrite de potasse, il se dégage en abondance du gaz azote; on obtient une masse poreuse, légère, brune, insoluble dans l'eau le qui cède à l'alcool ainsi qu'à l'éther une matière colorante rouge, virant au bleu par les acides. (La nitrosonaphtyline examinée par M. Perkin.)

Il reste, après le traitement à l'alcool et à l'éther, un résidu assez volumineux, noir, ulmique, ne contenant plus d'azote, insoluble dans tous les dissolvants, dans les acides et les alcalis.

L'acide sulfurique concentré la dissout seul avec une couleur bleue d'indigo foncé; l'eau précipite de nouveau de la dissolution le produit non altéré. Convenablement purifié par des dissolutions dans l'acide sulfurique et des précipitations par l'eau, ce corps, que nous proposons d'appeler naphtulmine, a fourni à l'analyse des nombres qui conduisent à la formule $C^{20}H^6O^4$.

Ce serait de l'hydrure d'oxynaphtyle ou au moins un isomère.

Au premier coup d'œil on ne peut manquer d'être frappé de la relation qui existe ent la naphtulmine de MM. Schützenberger et Wilm, $C^{20}H^6O^4$, et l'alizarine $C^{20}H^6O^6$,

Ces deux corps ne diffèrent que par 2 éq. d'oxygène que l'alizarine contient en plus.

En effet :

$$\left(\underset{\text{Naphtulmine.}}{C^{20}H^6O^4} \quad + \quad \underset{\text{Oxygène}}{O^2} \quad = \quad \underset{\text{Alizarine.}}{C^{20}H^6O^6} \right)$$

Il serait certainement du plus haut intérêt d'essayer l'action des corps oxydants sur la naphtulmine. Il ne serait nullement impossible qu'une oxydation bien ménagée pût transformer la naphtulmine en alizarine.

La solubilité de la naphtulmine dans l'acide sulfurique pourrait peut-être singulièrement faciliter cette transformation.

On pourrait, par exemple, mettre la naphtulmine en contact avec 2 éq. de suroxyde plombique ou manganique, et obtenir une réaction représentée par la formule :

$$2(SO^3, HO) + C^{20} H^6 O^4 + 2PBO^2 = C^{20} H^6 O^6 + 2(SO^3,PBO) + 2HO$$

Acide sulfurique.   Naphtulmine.   Suroxyde   Alizarine.   Sulfate   Eau.
                                       plombique.   plombique.

On pourrait encore employer les chromates ou manganates alcalins, l'acide nitrique étendu, les sulfates mercurique et argentique, etc.

Quand même l'on ne parviendrait point par cette voie à la préparation artificielle de l'alizarine, les expériences dans cette direction ne manqueraient pas d'offrir un grand intérêt, et des résultats même négatifs auraient certainement pour la science et pour l'industrie une certaine valeur.

La première communication de M. Roussin sur les dérivés colorés de la naphtylamine renferme des expériences qui ne sont, pour la plupart, que la confirmation des faits antérieurement connus, que nous venons de relater.

M. Roussin a cependant découvert une matière rouge-violette nouvelle, en examinant le produit de la réaction du protochlorure d'étain sur l'hydrochlorate de naphtylamine, à une température de 230° à 250°.

La masse noirâtre qui reste pour résidu, étant pulvérisée, épuisée par l'eau, séchée à 100° et dissoute par l'alcool bouillant, donne naissance à une solution rouge-violette très-intense, avec laquelle on peut teindre des étoffes. Cette couleur, suivant l'auteur, est inaltérable à la lumière, aux acides et aux alcalis.

Une autre matière colorante, due également à la réduction de la nitronaphtaline, a été observée par M. Carey Lea dans les circonstances suivantes (*Sillimann, Americ. Journ.*, n. 95 sept. 1861) :

Après la réduction de la nitronaphtaline par la limaille de fer et l'acide acétique dans une cornue munie d'un récipient bien refroidi, de manière à recueillir les produits volatils qui se dégagent pendant cette opération, il se condense dans le récipient, surtout si l'on chauffe le mélange pendant assez longtemps, une liqueur présentant des réactions intéressantes.

Elle est d'une couleur rougeâtre pâle et exhale l'odeur désagréable de la naphtaline. Par l'addition d'un acide minéral, la teinte passe au violacé. En chauffant ce même liquide dans une capsule au bain de sable, après y avoir ajouté de l'acide sulfurique étendu, la teinte violette devient de plus en plus foncée et se convertit en bleu pourpre intense. Au bout d'un certain temps, il se précipite une matière cristalline noirâtre qu'on sépare par filtration. La liqueur filtrée brune, si l'on continue à la chauffer, passe de nouveau au violet pourpré et dépose une nouvelle quantité de précipité. Les eaux-mères deviennent enfin troubles et d'un brun sale.

Ces dernières, saturées par de l'ammoniaque, déposent des flocons bruns, qui, traités par du bichromate de potasse et de l'acide sulfurique, deviennent noirs. Ils sont alors insolubles dans l'eau et l'alcool, mais se dissolvent dans l'acide nitrique faible en donnant une solution violette foncée, dont la pureté de nuance laisse toutefois beaucoup à désirer. M. Carey Lea suppose que cette matière pourrait être identique avec celle obtenue par M. Du Wildes (*Répertoire de Chimie appliquée*, mai 1861, p. 172), en traitant la naphtaline par le nitrate de mercure.

La matière cristalline noirâtre ne se forme qu'en quantité extrêmement faible. Recueillie sur un filtre, elle apparaît sous forme d'aiguilles présentant un reflet vert doré très-brillant. Après avoir été dissoute dans l'alcool, elle se dépose par l'évaporation en poudre rouge foncée qui, frottée avec un corps dur et poli, reprend l'éclat métallique verdâtre.

La solution alcoolique est d'un rouge de sang intense. Par l'addition successive de petites quantités d'acide sulfurique ou nitrique elle passe graduellement au rouge vif, au cramoisi, au violet pourpré, enfin au bleu violacé, toutes couleurs d'une grande intensité et pureté de nuance. La solution alcoolique, acidulée par l'acide sulfurique, peut être soumise à l'ébullition sans que la couleur soit détruite; mais si elle est acidulée par l'acide nitrique, elle passe au jaune paille pâle.

M. Carey Lea est d'avis que cette belle matière, qu'il propose de nommer *ionnaphtine*, pourrait facilement trouver une application industrielle si l'on parvenait à la produire en plus grande quantité.

Nous pensons, d'après les propriétés assignées par M. Carey Lea à l'ionnaphtine, que celle-ci pourrait bien n'être autre chose que la nitrosonaphtyline, qui, elle aussi, est rouge orangé ou rouge de sang lorsqu'elle est isolée, et passe au violet sous l'influence d'un grand nombre d'acides.

Application des naphtaméines.

Les naphtaméines, présentant une grande analogie avec les couleurs d'aniline, peuvent être appliquées sur tissus d'après des procédés semblables, en tenant seulement compte de leur solubilité, qui est généralement beaucoup moindre, surtout dans les liquides aqueux. Leurs principaux dissolvants sont l'acide acétique, l'alcool, l'esprit de bois.

Les naphtaméines montrent une assez grande affinité pour la laine et la soie, mais leur fixation sur coton, comme cela s'observe également pour les couleurs d'aniline, présente d'assez grandes difficultés.

Sans contredit c'est encore l'albumine ou ses surrogats (gluten, lactarine, etc.) qui sous ce rapport offrent le plus de facilité.

Nous saisissons cette occasion, pour compléter ce que nous avons déjà dit (M. S. 1861, 1er juillet, n. 109. 334. Teinture et impression avec les couleurs dérivées du goudron) sur les procédés employés pour fixer sur coton, les matières colorantes artificielles.

Dans ces derniers temps, l'usage du tannin judicieusement employé paraît offrir le plus d'avantages, surtout sous le rapport de l'économie.

On peut procéder de deux manières différentes, suivant qu'on veut opérer par impression seule, ou à la fois par impression et par teinture.

(A) *Impression seule.* — Pour l'impression, le moyen le plus simple consiste à précipiter à froid ou à une très-douce chaleur des solutions de rouge ou de violet d'aniline (ou de rouge et de violet de naphtylamine), au moyen du tannin. Il est bon d'employer à cet effet des solutions de tannin préparées récemment et pour des nuances très-pures de faire usage du tannin pur. On obtient ainsi des laques rouges ou violettes, qu'on recueille sur un filtre, qu'on lave et qu'on fait sécher à une température peu élevée.

La laque sèche est dissoute dans de l'acide acétique, dans de l'alcool ou dans un mélange des deux; on peut également dissoudre dans de l'esprit de bois, mais dans ce cas, surtout pour les rouges, il faut éviter l'emploi simultané de l'acide acétique, qui, sous l'influence de l'esprit de bois, a la propriété de faire virer rapidement le rouge au violet.

La solution est épaissie à la gomme adragante, avec la gomme du Sénégal ou même avec de l'empois d'amidon préparé avec de l'acide acétique; on imprime et on vaporise.

Il reste sur le tissu la laque colorée, qui, étant insoluble dans l'eau, n'est plus enlevée par les lavages.

Ce procédé extrêmement simple exige cependant beaucoup de soins et des précautions particulières pour que la nuance, la vivacité et l'éclat des couleurs ne soient ni ternies ni altérées.

Dans certains cas, au lieu d'employer la toile ordinaire, on fait usage de toile préparée avant l'impression, soit en l'aluminant, soit en la stannant, soit en l'imprégnant de solutions étendues de gluten, de lactarine ou caséine, de gélatine ou même d'un sel métallique, comme p. ex. acétate de plomb, sublimé corrosif (qui tend à faire virer les rouges au violacé), de sel d'étain, de tartrate ou chlorure double d'antimoine et de potasse, ou de soude, etc.

(B) *Impression du tannin suivie de teinture en bain de couleur.* — Si la coloration du tissu doit se faire par teinture, on commence par imprimer préalablement une solution épaissie de tannin, qu'on emploie plus ou moins concentrée suivant la nuance plus ou moins foncée qu'on veut produire. Il est très-facile d'obtenir ainsi des dessins présentant 2 ou 3 rouges ou 2 ou 3 violets différents. On vaporise et on fixe le tannin d'après les procédés connus (p. ex. passage en solution faible de gélatine ou d'un sel métallique, etc.). On lave ensuite parfaitement.

En teignant dans un bain de rouge ou de violet d'aniline, la matière colorante se combine au tannin, produit une laque rouge ou violette insoluble, tandis que les parties du tissu non mordancées en tannin n'attirent que très-faiblement la matière colorante.

En place de tannin pur, on peut faire usage de décoctions de noix de galle, de sumac, etc., ou le tannin associé à d'autres substances, comme par exemple, des matières grasses, résineuses, glutineuses, des sels, etc.

Comme exemples, nous citerons les procédés suivants, qui permettent d'ailleurs de nombreuses variations.

Procédé de MM. Javal et Gratrix. (Repert. of Patent. inv., mai 1861. p. 416.)

1° *Impression de la laque colorée.* — On dissout dans l'acide acétique, l'alcool, l'esprit de bois, etc., la combinaison des rouge, violet ou bleu d'aniline avec le tannin; on épaissit à la gomme et on imprime sur toile stannée.

Après vaporisage on lave. Les lavages à l'eau suffisent dans bien des cas; cependant quelques couleurs et particulièrement le rouge d'aniline exigent un passage au savon.

2° *Impression du mordant et Teinture.* — Sur toile stannée on imprime la solution plus ou moins concentrée et épaissie du tannin.

On vaporise, d'abord à basse pression, puis à une pression plus forte, pouvant aller jusqu'à 400 à 500 grammes par centimètre carré.

On passe ensuite dans un bain fixant ou renfermant des solutions d'arséniate, de phosphate ou de silicate alcalin; on lave enfin à l'eau pure.

On procède à la teinture dans des cuves ordinaires remplies d'eau légèrement acidulée avec de l'acide acétique et chauffée à 60° centigrades.

On y introduit les pièces mordancées et on les y manœuvre, en versant par petites portions la matière colorante dissoute dans l'acide acétique.

Toute la couleur ayant été ajoutée au bain, on élève graduellement la température jusqu'à l'ébullition qu'on entretient pendant 30 à 40 minutes et même plus, pour bien saturer le tannin de matière colorante.

Généralement les fonds blancs se trouvent également légèrement teints.

Pour les blanchir, on passe les pièces dans de l'eau chaude acidulée par un acide minéral (qui dissout la matière colorante non combinée au tannin, tandis qu'elle est sans action sur la laque) ou dans un bain de savon ou de son. (On peut également plaquer les pièces avec une solution faible de chlorure de chaux, E. K.). On renouvelle ces opérations jusqu'à ce que le blanc soit redevenu suffisamment pur, et on termine par un lavage dans l'eau pure

Procédé de MM. Lloyd et Dale (London journ. of Arts, nov. 1861, p. 234.).

A 4 1|2 litres (un gallon) d'eau gommée, on ajoute 240 à 300 grammes de tannin pur et sec et du rouge ou violet d'aniline, proportionnellement à la nuance requise. On imprime et on vaporise à une pression d'environ 50 à 75 grammes par centimètre carré. On passe ensuite les pièces dans un bain d'émétique ou de tartrate d'antimoine renfermant environ 13 1|2 gr. de sel par litre et chauffé à 45° — 85° centigrades; après quoi on lave et on sèche.

On peut aussi imprimer d'abord la solution épaissie de tannin (133 gr. de tannin par litre d'eau gommée pour une nuance foncée, et 20 à 27 grammes pour une nuance claire.). Après impression, on vaporise pendant une heure et on passe ensuite dans le bain d'émétique. On lave bien et on procède à la teinture dans un bain de rouge ou de violet d'aniline, rendu légèrement acide et qu'on chauffe graduellement et lentement jusqu'à l'ébullition qu'il faut entretenir pendant environ 20 minutes.

Si après lavage, les fonds blancs sont encore légèrement colorés, on les blanchit par un passage au chlorure de chaux faible suivi d'un passage au savon.

Procédé de M. BROOKS. — (*London Journ. of arts*, nov. 1861, p. 284). — Ce procédé a pour but d'imprimer sur la toile des mordants qui, après avoir été teints en couleurs garancées, puissent attirer encore des couleurs d'aniline, lesquelles, se superposant sur les laques de garance, leur donnent plus de vivacité et de brillant.

Il consiste en principe dans l'addition aux mordants ordinaires de garance, d'un mélange de tannin et d'acétate d'étain. On fixe les mordants, soit par l'aérage, soit par le vaporisage. On passe en arséniate, phosphate ou silicate de soude, ou en bouse de vache : on teint en garance, garancine, ou mieux encore en alizarine; pour obtenir de prime abord déjà des nuances assez pures, on avive, et finalement on teint de nouveau dans un bain de couleur d'aniline. On blanchit les fonds à la manière ordinaire.

Une modification de ce procédé consiste à imprimer les mordants ordinaires, additionnés d'acétate d'étain, qu'on soumet à l'aérage, qu'on passe en arséniate ou silicate alcalin à 80° centigr., qu'on lave et qu'on bouse ensuite. Dans la cuve à teinture remplie d'eau, on dissout du tannin (environ 30 grammes par pièce de 26 mètres, pour dessins ordinaires), on chauffe à 50° centigr. pendant 30 minutes; on ajoute ensuite la garancine ou l'alizarine, et on élève graduellement la température pour arriver dans l'espace d'une heure à l'ébullition, qu'on entretient pendant 20 minutes. On lave à l'eau à plusieurs reprises, et on teint de nouveau dans un bain de couleur d'aniline pendant une heure, en allant jusqu'à l'ébullition. On lave, on blanchit les fonds, et on lave de nouveau.

Dans une autre variante du procédé, l'auteur vaporise les mordants et les fixe ensuite par un passage en sel d'antimoine, avant de procéder aux deux teintures en garance et en couleur d'aniline.

BINITRONAPHTALINE : $C^{20} H^9 N^2 O^8 = C^{20}H^6 (NO^4)^2$

La binitronaphtaline ou nitronaphtalèse de Laurent a extraordinairement excité l'attention dans ces derniers temps, non-seulement parce qu'elle donne naissance, comme la nitronaphtaline, à divers produits colorés dans des circonstances très-différentes, mais surtout parce que M. Roussin avait cru un instant avoir réussi à transformer ce composé en alizarine, identique avec l'alizarine de la garance. Les expériences ultérieures n'ont pas, on le sait, confirmé cette découverte, qui aurait produit une véritable révolution en agriculture, en industrie et dans le commerce. Les matières colorantes obtenues au moyen de la binitronaphtaline possèdent cependant un très-grand intérêt, parce que certaines d'entre elles présentent un caractère très-différent des matières colorantes dérivées de l'aniline, et se rapprochent davantage de celles renfermées dans les racines et les bois de teinture.

1° *Préparation de la binitronaphtaline.* — La binitronaphtaline se prépare, d'après Laurent (*Ann. de Chim. et de Phys.* 1835, t. LIX, p. 381; *Revue Scientif.*, t. VI, p. 88, et t. XIII, p. 68), en faisant bouillir de l'acide nitrique concentré dans un grand ballon, et en y jetant peu à peu de la naphtaline, tant qu'elle se dissout. Par le refroidissement, il se dépose des aiguilles à peine colorées en jaune. On les lave d'abord avec de l'acide nitrique, puis avec de l'eau et de l'alcool.

M. Roussin (*Comptes-rendus*, 1861, t. LII, p. 908) conseille d'opérer de la manière suivante :

On place dans un ballon 3 à 4 parties d'acide nitrique le plus concentré possible, et l'on y fait tomber peu à peu, en agitant sans cesse, 1 partie de naphtaline pulvérisée. Chaque addition de naphtaline produit un bruit analogue à l'immersion d'un fer rouge dans l'eau. Il se dégage à la fin, surtout si ce liquide s'échauffe trop, une certaine quantité de vapeurs rutilantes qu'il est facile d'éviter. Par le refroidissement tout le liquide se prend en une masse cristalline. On divise cette masse, on la met à égoutter, on la lave de manière à entraîner tout l'acide et on sèche à l'étuve. La binitronaphtaline ainsi obtenue est presque complétement pure. Un mélange d'acide nitrique ordinaire et d'acide sulfurique concentré donne également de bons résultats et est d'un emploi plus économique.

Le procédé indiqué antérieurement par M. Troost paraît plus avantageux pour la préparation de la binitronaphtaline sur une certaine échelle. (*Bullet. de la Soc. chim. de Paris*, 1861, n° 4, p. 74.) On commence par préparer de la protonitronaphtaline en traitant la naphtaline par un mélange d'acide nitrique ordinaire et d'acide nitrique fumant, marquant 44° Baumé et contenu dans un vase refroidi, de manière à éviter toute élévation de température et tout dégagement de vapeurs rutilantes. L'acide qui aura servi à cette préparation sera affaibli ; mais ramené au degré voulu, il pourra servir de nouveau. La matière cristalline ainsi obtenue à froid est égouttée et mise alors dans l'acide nitrique au maximum de concentration 60° Baumé, et contenu comme le premier dans un vase refroidi. Elle s'y délite comme la chaux vive dans l'eau et se prend en une masse cristalline homogène jaune citron pâle qui, si l'on a bien opéré à froid et évité tout dégagement de vapeurs rutilantes, est de la binitronaphtaline pure. L'acide nitrique doit être préparé exprès ; car le plus souvent l'acide fumant du commerce ne marque que 48° Baumé et ne produit pas les mêmes effets.

Enfin, dans certains cas, comme par exemple lorsqu'on veut faire réagir l'acide sulfurique à une température élevée sur les produits nitrés de la naphtaline, sans isoler préalablement ces derniers, on peut, comme l'a fait M. Persoz, mélanger 2 équivalents d'acide nitrique concentré avec un excès d'acide sulfurique, y introduire 1 équivalent de naphtaline et chauffer le tout. Il est bien possible que dans ces circonstances il se produise non-seulement de la binitronaphtaline, mais également des acides sulfonitro et sulfobinitronaphtalique.

2° Propriétés et réactions de la binitronaphtaline. — La binitronaphtaline présente les propriétés suivantes : Elle est solide, presque incolore, fusible à 185°, difficilement volatile, et seulement en petites quantités sans décomposition ; par un échauffement brusque elle se détruit. Elle est insoluble dans l'eau, très-peu soluble dans l'éther, et encore moins dans l'alcool.

Chauffée avec une solution alcoolique de potasse, elle se dissout ; la liqueur devient rouge, puis brune, et il se dégage de l'ammoniaque ; en saturant ensuite la potasse par l'acide nitrique, il se précipite un acide brun-noir (acide nitronaphtalésique de Laurent) floconneux, insoluble dans l'alcool et l'éther, donnant des sels bruns qui font explosion par la chaleur. En traitant la binitronaphtaline (probablement en solution alcoolique et peut-être ammoniacale) par l'hydrogène sulfuré, Laurent avait obtenu un alcali rouge carmin, fusant en vase clos sous l'influence de la chaleur (*Compt.-rendus*, т. xxxı, p. 638), que Gerhardt avait considéré comme étant probablement la nitronaphtylamine. (Gerhardt. *Chim. org.*, т. ɪɪɪ, p. [illegible].

On sait, d'après les recherches de MM. Ch. Wood et Hofmann (*Répert. de Ch. pure*, т. ɪ, [illegible], p. 515), que le corps rouge est la ninaphtylamine $C^{40}H^{8}N^{2}O^{4}$.

La ninaphtylamine se prépare de la manière suivante :

On fait passer un courant d'hydrogène sulfuré à travers une solution de binitronaphtaline dans de l'alcool ammoniacal bouillant et concentré. Le composé nitré éprouve peu à peu une réduction. L'action dure de deux à trois heures, pendant lesquelles la majeure partie de l'alcool distille ; le résidu est acidifié par l'acide sulfurique étendu et le liquide chauffé jusqu'à l'ébullition et filtré bouillant.

Après filtration, celui-ci laisse déposer par le refroidissement un sulfate brun jaunâtre, qu'on purifie par plusieurs cristallisations dans l'eau bouillante. En traitant par l'ammoniaque, le sulfate cristallisé et solide, sa couleur vire à un beau rouge carmin ; la base, ainsi mise en liberté, est lavée à l'eau froide et purifiée finalement par une cristallisation dans l'eau ou l'alcool étendu.

Ainsi préparée, la ninaphtylamine se présente sous forme de masse légère et floconneuse formée de petits cristaux aciculaires.

Elle se dissout difficilement dans l'eau bouillante, mais très-facilement dans l'alcool et l'éther. Chauffée à 100°, elle éprouve une décomposition partielle. Ses sels sont incolores ou peu colorés. Elle forme avec le chlorure de platine un sel double cristallisé brun jaunâtre, dont la formule est :

$$C^{20} H^9 N^4 O^8, HCl + PtCl^2$$

La formation de la ninaphtylamine peut être représentée par l'équation :

$$C^{20} H^6 N^4 O^8 + 4 H^2 S^2 = 3 H^2 O^2 + 8 S + C^{20} H^9 N^4 O^2$$
Binitronaphtaline.   Ninaphtylamine.

Des essais de teinture faits par M. Perkin (*Chem. News*, 8 juin 1861, p. 352) avec la ninaphtylamine, n'ont point donné des résultats satisfaisants.

La solution alcoolique un peu étendue est orange, avec une légère teinte brunâtre. Quoique peu soluble dans l'eau, la solution teint la soie avec une couleur semblable à celle qu'on obtient avec le rocou.

On peut considérer la ninaphtylamine comme de la naphtylamine, dans laquelle 1 équivalent d'hydrogène est remplacé par 1 équivalent de bioxyde d'ozote.

$$C^{20} H^{10} N - H + NO^2 = C^{20} H^9 N^4 O^2 = C^{20} H^9 (NO^2) N$$
Naphtylamine.   Ninaphtylamine.

La binitronaphtaline se dissout assez facilement dans l'alcool saturé d'ammoniaque, en formant un liquide cramoisi foncé qui, traité par l'hydrogène sulfuré, donne naissance à la ninaphtylamine et, en outre, à l'azonaphtylamine ou seminaphtalidam de M. Zinin $C^{20}H^{10}N^2$. (Zinin, *Journ. für prakt. Chem.*, T. XXXIII, p. 29; T. LVII, p. 173.)

Si la solution de dinitronaphtaline dans l'alcool ammoniacal est chauffée avec une solution de sulfite ammonique, la teinte rouge se change en une couleur rose foncé, beaucoup plus riche et plus brillante que la teinte originale. (Carey Lea, *Amer. Journ.*, sept. 1861, T. XXXII, p. 213.)

La dinitronaphtaline, soumise à l'action de corps réducteurs en présence des alcalis, par exemple, par l'action des sulfures, polysulfures, sulfhydrates de sulfures, cyanures, sulfocyanures, a fourni à M. Troost (*Bullet. de la Soc. chim.*, 1861, n° 4, p. 74) déjà, en 1860, des matières colorantes rouges, violettes ou bleues, dont l'application industrielle a été essayée à différentes reprises dans les fabriques de Mulhouse. Il faut éviter que l'alcali libre puisse réagir avant le corps réducteur, puisqu'il donne naissance à une matière brune qui souille les violets dus à l'action des réducteurs. Ces violets, précipitables sans altération par les acides étendus, sont solubles dans les alcalis, les sulfures alcalins, les carbonates, l'alcool, etc. Ils prennent sur les étoffes sans mordant et se dédoublent en rouge et en bleu par des opérations convenables.

Nous devons mentionner que, jusqu'à ce jour, on n'est pas encore parvenu, que nous sachions, à donner aux matières colorantes de M. Troost assez de solidité et assez de brillant pour qu'elles aient pu être employées d'une manière suivie dans la fabrication industrielle.

Les protosels d'étain, dissous dans les alcalis caustiques, réagissent, d'après M. Roussin (*Compt.-rendus*, 1861, T. LII, p. 898), sur la dinitronaphtaline aussi facilement que les sulfures.

A froid, la réaction exige quelques heures. Au bain-marie, dès que le mélange atteint la température de 80°, l'opération est terminée. Le liquide est jeté sur un filtre et le précipité lavé jusqu'à épuisement du liquide matière soluble. Il reste sur le filtre une poudre bleue-violette qui se dissout facilement dans l'alcool, l'alcool méthylique, le sulfure de carbone, etc. La solution, d'un violet très-riche, teint parfaitement les étoffes.

Cette couleur résiste à l'eau, aux solutions alcalines et aux acides même énergiques. Elle ne paraît pas s'altérer à la lumière. D'après M. Tichborne, on peut remplacer le sel stanneux par un sel ferreux. Une dissolution concentrée et bouillante de cyanure de potassium réagit également très-énergiquement sur la dinitronaphtaline. La liqueur devient d'un rouge brunâtre. Après la réaction, on délaye la masse dans l'eau pour enlever tout l'excédant du liquide alcalin et on lave la poudre jusqu'à ce que l'eau de lavage soit insipide. Cette matière se dissout dans l'eau bouillante et dans l'alcool, qu'elle colore en bleu foncé avec une légère teinte verdâtre. Ces liquides peuvent servir à la teinture. Les étoffes teintes de la sorte présentent un certain éclat à la lumière artificielle. D'après M. Tichborne, ce bleu, associé à la dinitraniline, qui est jaune, produit de brillantes teintures vertes. Les réactions précédentes présentent toutes ce caractère commun qu'elles sont le résultat de la réduction de la binitronaphtaline sous l'influence de réducteurs alcalins.

Celles que nous allons décrire offrent un caractère opposé, celui de la réduction de l binitronaphtaline sous l'influence de l'acide le plus énergique, l'acide sulfurique, et à l'aide d'une température comparativement très-élevée. Aussi les matières colorantes formées dans ces circonstances curieuses, découvertes par M. Roussin, présentent-elles beaucoup plus de stabilité que les précédentes, et leur analogie avec l'alizarine de la garance est assez grande pour qu'un instant on ait pu croire à leur identité.

M. Roussin ayant constaté qu'un mélange de limaille de zinc et d'acide sulfurique étendu, de limaille de fer et d'acide acétique, de grenaille d'étain et d'acide chlorhydrique est sans aucune action sur la binitronaphtaline, eut l'idée d'essayer l'action des métaux réducteurs sous l'influence de l'acide sulfurique concentré.

Il opère de la manière suivante (*Comptes-rendus*, 1861, т. LII, p. 1034) :

On fait un mélange de binitronaphtaline et d'acide sulfurique concentré dans une capsule en porcelaine spacieuse chauffée au bain de sable. Par l'élévation de température, la binitronaphtaline se dissout complétement dans l'acide sulfurique, formant une solution incolore ou possédant à peine une couleur ombrée. On peut chauffer à 250° sans qu'il y ait réaction. M. Roussin avait même pensé que l'acide sulfurique seul ne commençait à réagir sur la binitronaphtaline qu'à la suite d'une longue ébullition ; mais M. Persoz a montré (*Comptes-rendus*, 1861, т. LII, p. 1179) que, vers 300° environ, la réaction s'établissait avec dégagement d'une petite quantité d'acide sulfureux, en même temps que la liqueur passe du jaune au rouge cerise, puis finalement au rouge brunâtre.

Dans l'expérience de M. Roussin, lorsque le mélange atteint environ 200°, on y projette de la grenaille de zinc. Il se fait au bout de quelques instants un dégagement d'acide sulfureux. Au bout d'une demi-heure environ, l'opération est terminée. Si l'on fait tomber alors une goutte du mélange acide dans l'eau froide, il se développe une magnifique couleur rouge-violet. Quelquefois la réaction est d'une énergie considérable si l'on opère sur une grande masse de matière, si la quantité de zinc est trop considérable, et si l'on ne surveille pas la température avec soin. L'acide sulfurique entre alors en une ébullition rapide ; des torrents de vapeurs blanches se dégagent avec un bruit et une violence extraordinaires. Cependant il est toujours facile d'éviter ce dernier inconvénient en n'ajoutant que de petites quantités de grenaille de zinc et surveillant la température. Lorsque cet accident se produit, la proportion de matière colorante formée est considérablement diminuée, mais il en reste encore une proportion notable dans le résidu.

Lorsque la réaction est terminée, on étend le liquide de 8 à 10 fois son volume d'eau et l'on porte à l'ébullition. La liqueur, après quelques instants, est jetée sur un filtre. Elle dépose la matière colorante par le refroidissement sous forme d'une gelée rouge, quelquefois adhérente aux vases, quelquefois en suspension dans le liquide.

Dans les deux cas, cette gelée, examinée au microscope, se montre, comme une réunion de cristaux aiguillés filiformes de la plus grande netteté. Les eaux-mères sont fortement colorées en rouge et contiennent des quantités considérables de matière colorante en solution. Elles peuvent servir directement à teindre des étoffes mordancées en fer et en alumine, après avoir été étendues d'eau et saturées d'une manière convenable, par exemple, par de la craie. Il reste sur le filtre de la matière colorante non dissoute, qu'il est facile d'enlever par les alcalis caustiques ou carbonatés et de précipiter de nouveau par les acides.

Dans la réaction précédente, le zinc peut être remplacé par un nombre considérable de substances, l'étain, le fer, le soufre, le charbon, etc., par tous les corps en un mot, simples ou composés, organiques ou inorganiques, qui réagissent sur l'acide sulfurique à une haute température et provoquent sa réduction.

C'est la matière colorante ainsi obtenue que M. Roussin avait appelée alizarine. Ce nom ne peut lui être conservé. Nous pensons qu'il faudrait la désigner, dans tous les cas, par le nom de pseudo-alizarine ; mais nous préférerions celui de *naphtazarine*, qui rappelle à la fois son origine et ses analogies.

La *naphtazarine* est peu soluble dans l'eau et se dissout dans l'alcool et l'éther. Elle se volatilise entre 215° et 240°, avec une vapeur jaune et donne des aiguilles cristallines d'un rouge très-foncé ; la teinte de ces cristaux est du reste un peu variable. Elle est inattaquable par l'acide chlorhydrique et l'acide sulfurique concentré. Elle se dissout dans les alcalis caustiques et carbonatés, avec une belle couleur bleue pourpre foncée ; les acides précipitent cette solution en flocons rouges orangés. Comme l'alizarine véritable, elle fournit des laques colorées de la plus grande beauté.

La naphtazarine se fixe sur les étoffes mordancées comme l'alizarine et donne des nuances d'une grande pureté, que M. Roussin croyait analogues à celles fournies par la garance, mais que les expériences de MM. Balard, Persoz et Jacquemin ont démontré être très-différentes.

L'analyse de la naphtazarine a donné à M. Roussin les résultats suivants :

Carbone..	63,26	63,51
Hydrogène.	2,10	2,30
Oxygène.........	34,64	34,19
	100,00	100,00

Ces nombres sont représentés par la formule, d'ailleurs peu probable $C^{31}H^8O^{14}$, qui exige :

Carbone..... ...	63,43
Hydrogène.......	2,28
Oxygène.........	34,29
	100,00

La formule $C^{14}H^4O^5$ pourrait être acceptée provisoirement. On admet généralement pour l'alizarine la formule $C^{20}H^6O^6$, et pour la purpurine la formule $C^{18}H^6O^6$.

M. Roussin a fait ressortir, par le tableau suivant, les analogies qu'il a pu constater entre la naphtazarine et l'alizarine.

Alizarine de la garance.	*Naphtazarine artificielle.*
Se précipite en gelée de ses solutions.	Se précipite en gelée de ses solutions.
Se sublime entre 215° et 240°.	Se sublime entre 215° et 240°.
Peu soluble dans l'eau, soluble dans l'alcool, l'éther et une *solution d'alun*. (Seulement lorsqu'elle est bouillante. E. K.)	Peu soluble dans l'eau ; soluble dans l'alcool, l'éther et une solution d'alun.
Inaltérable par l'acide sulfurique chauffé à 200°, l'acide chlorhydrique ; altérable par l'acide nitrique.	Inaltérable par l'acide sulfurique chauffé à 200°, l'acide chlorhydrique ; altérable par l'acide nitrique.
Soluble dans les alcalis caustiques ou carbonatés, avec une couleur pourpre.	Soluble dans les alcalis caustiques ou carbonatés, avec une couleur bleue-violette.
La solution ammoniacale donne des précipités pourpres, avec des sels de baryte et de chaux.	La solution ammoniacale donne des précipités pourpres, avec des sels de baryte et de chaux.

A côté de ce tableau des analogies, il convient aussi de signaler les différences qui existent entre l'alizarine et la naphtazarine, et qui permettent très-facilement de les distinguer et de les caractériser.

Alizarine de la garance.	*Naphtazarine artificielle.*
Insoluble dans l'acide sulfurique étendu ; s'en précipite sous forme de flocons jaunes ; les eaux-mères sont très-légèrement jaunâtres.	Assez soluble dans l'acide sulfurique étendu, s'en précipite sous forme de gelée rouge ; les eaux-mères sont fortement colorées en violet.
Se dissout dans l'alcool, avec une couleur jaune.	Se dissout dans l'alcool, avec une couleur violette.
Teint les mordants d'alumine en rouge.	Teint les mordants d'alumine en violet.
La solution ammoniacale précipite l'alun et l'acétate de plomb en rouge.	La solution ammoniacale précipite l'alun et l'acétate de plomb en violet plus ou moins bleuâtre.
Teint les mordants de fer faibles en beau violet.	Teint les mordants de fer faibles en gris plus ou moins verdâtre.
Les teintures résistent au savon bouillant et s'oxydent.	Les teintures se dégradent dans le bain de savon bouillant et finissent même par disparaître.

— M. Jacquemin (*Comptes-rendus*, t. LII, p. 1180), dès qu'il eût connaissance des résultats de M. Roussin, s'empressa de les répéter et signala les différences nombreuses entre l'alizarine et la naphtazarine.

Il constata que cette dernière est soluble dans l'éther, qui prend une teinte rouge violetée, tandis que l'alizarine lui communique une nuance jaune d'or.

L'acide hypochloreux, en petite quantité, n'altère pas sensiblement la couleur de la dissolution aqueuse, qu'une plus forte proportion de réactif fait virer à l'orangé, puis au jaune et décolore finalement.

La potasse et l'ammoniaque la dissolvent et forment un liquide pourpre, avec lequel, en ajoutant de l'alun, on obtient une laque d'un beau violet.

En combinant la naphtazarine avec les oxydes zincique, stanneux, stannique, on produit également des laques violettes plus ou moins bleuâtres ; la laque ferrique est brune, la laque ferreuse d'un brun violacé, et la laque cuivrique d'un brun rougeâtre.

L'acétate plombique rend opaline la solution alcoolique de naphtazarine étendue de deux fois son volume d'eau : l'addition de quelques gouttes de carbonate de soude détermine un précipité violet bleu ; l'acétate triplombique dans une semblable dissolution donne un louche bleuté qui devient précipité bleu violacé clair, sous l'influence du carbonate de soude.

En teignant une toile de coton mordancé en alumine et en fer avec la naphtazarine, M. Jacquemin a vu le mordant d'alumine devenir violet, et le mordant de fer gris. Les violets et gris paraissaient jouir d'une assez grande solidité, puisqu'ils résistaient au savonnage et à l'acide acétique concentré.

— M. J. Persoz (*Compt. rend.*, t. LII, p. 1178), ayant constaté qu'un mélange d'acides nitrique et sulfurique du commerce, en proportion même très-variable, étant chauffé avec de la naphtaline, pouvait donner facilement naissance à des produits colorés, fut amené à examiner l'action de l'acide sulfurique sur les différents composés nitrés de la naphtaline.

En chauffant la binitronaphtaline avec l'acide sulfurique concentré, la réaction commence vers 300 ; on peut facilement suivre la marche de l'opération, en prenant de temps en temps une goutte de la liqueur et en la projetant dans de l'eau. On obtient ainsi un précipité d'abord blanc laiteux, puis légèrement violacé, enfin violet foncé, quand la couleur est complétement développée. La matière est alors retirée du feu, abandonnée à elle-même pour refroidir, puis versée dans de l'eau qu'on porte ensuite à l'ébullition. La liqueur, filtrée à chaud, est fortement colorée en rouge et laisse déposer, par le refroidissement, une partie de la matière colorante à l'état floconneux. Elle tire au rouge violacé par les alcalis, teint facilement, même à froid, la soie en violet, et, étant saturée par de la craie, elle teint les tissus de coton mordancés, en donnant différents tons qui varient depuis le lilas jusqu'au noir ; en un mot, elle possède toutes les propriétés de la naphtazarine, dont la formation par la binitronaphtaline et l'acide sulfurique, sans l'intervention d'un agent réducteur étranger, se trouve ainsi démontrée.

La solution de naphtazarine ne peut s'altérer, même à la longue, en présence de l'acide sulfurique; tandis que, abandonnée au contact de l'air et d'un excès d'ammoniaque, elle passe, au bout de quelques heures, au brun, en laissant déposer une poudre noire qui se dissout en bleu dans l'alcool et au rouge par les acides.

M. Persoz a extrait la naphtazarine, renfermée encore en grande quantité dans la masse noire provenant de la précipitation par l'eau de la solution sulfurique, au moyen de sulfure de carbone, en opérant dans l'appareil digestif de M. Payen. Il l'a obtenue ainsi avec de beaux reflets dorés.

— M. Tichborne (*Chem. News*, 1861, p. 107, nº 97) a donné quelques indications sur la manière la plus avantageuse de procéder, lorsqu'on veut répéter en grand l'expérience de M. Roussin.

Il recommande de chauffer l'acide sulfurique seul jusqu'à 200°, et de n'y ajouter la binitronaphtaline, pour éviter d'en perdre une notable quantité par volatilisation, qu'après que l'acide a atteint cette température. Le mélange étant à 200°, on enlève le feu et on projette le corps réducteur, qui doit être dans un état de grande division, par petites portions à la fois et en remuant continuellement.

La réaction a lieu, et généralement le thermomètre reste stationnaire, la chaleur dégagée par la réaction étant suffisante pour compenser celle que le mélange perd par conductibilité ou par rayonnement.

Sans cette précaution, il est difficile de modérer l'opération, si l'on opère sur une notable quantité de matière.

M. Tichborne isole la naphtazarine en extrayant le produit par l'eau bouillante, filtrant, saturant exactement par une solution de potasse (évidemment la soude est préférable pour éviter le dépôt d'une grande quantité de sulfate potassique); on recueille sur un filtre le précipité produit, qu'on laisse bien égoutter, et dont on extrait la matière colorante par de l'esprit de bois bouillant. On en obtient 60 à 70 °|₀ du précipité.

L'auteur a également fait remarquer que, dans la préparation des violets de M. Troost, il faut avoir bien soin d'éviter l'emploi de sulfures et polysulfures alcalins, renfermant un hyposulfite, ce dernier détruisant peu à peu la matière colorante formée.

On voit, d'après ce qui précède, que les réactions donnant naissance à des matières colorantes dérivées de la nitronaphtaline et de la binitronaphtaline, ne sont pas moins variées et moins nombreuses que celles qui produisent les couleurs d'aniline. Le fait que les matières colorantes artificielles, dérivées de la naphtaline, n'ont pu rivaliser jusqu'à ce jour ni pour la richesse et la pureté des nuances, ni pour l'éclat et la solidité des couleurs, avec celles dérivées de la benzine, n'enlève rien à l'intérêt scientifique des réactions qui leur donnent naissance.

Tandis que les matières colorantes naphtaliques dérivées de la naphtylamine et de la binitronaphtaline par la réduction sous des influences alcalines, se rapprochent, par leurs caractères généraux, des rouges et violets d'aniline, il n'en est pas de même des matières colorantes obtenues de la binitronaphtaline sous l'influence de l'acide sulfurique. Ces dernières (les naphtazarines) sont le premier exemple de matière colorante artificielle teignant le coton mordancé à la manière de la garance ou des bois de teinture; et c'est en cela que réside principalement le mérite incontestable de la belle expérience de M. Roussin.

Les réactions que nous venons de passer en revue constituent les faits les plus importants, connus jusqu'à ce jour sous le rapport de la production de matières colorantes au moyen de la naphtaline. Il existe cependant d'autres réactions colorées, qui jusqu'ici n'ont encore été que peu étudiées et qui par conséquent ne présentent d'autre intérêt qu'un intérêt scientifique. Il ne serait cependant pas impossible que plusieurs d'entre elles, entre les mains d'ex périmentateurs habiles et persévérants, puissent devenir le point de départ de préparations et de procédés pouvant acquérir une certaine valeur au point de vue des applications industrielles.

Il ne sera donc point inutile de les rappeler ici en quelques mots.

Nous avons déjà relaté que la binitronaphtaline sous l'influence d'agents réducteurs, donne naissance à la ninaphtylamine et à l'azonaphtylamine ou seminaphtalidam.

L'azonaphtylamine (C^{20} H^{10} N^2) est une base incolore, peu soluble dans l'eau, très-soluble dans l'alcool et l'éther. Elle est très-altérable à l'air, passant d'abord au rouge puis au brun. Dans l'acide sulfurique concentré, elle se dissout avec une belle couleur violette, qui se conserve sans altération pendant très-longtemps, mais par l'addition d'eau, la couleur disparaît.

Les sels d'azonaphtylamine, incolores lorsqu'ils sont récemment préparés, se colorent également à l'air et sous l'influence d'agents oxydants.

Lorsqu'on fait bouillir pendant assez longtemps la naphtaline avec l'acide nitrique concentré, on obtient, outre la binitronaphtaline, une certaine quantité d'un composé nitré supérieur.

La trinitronaphtaline (C^{20} H^3 [NO^4]^3) ou nitronaphtalise. (Laurent, *Revue Scientifique*, de Quesneville, V. 303 — VI, 70 — XIII, 71, et Marignac; *Ann. d. Chim. et Pharm.* XXXVIII, 1.)

Elle est jaune, insoluble dans l'eau, peu soluble dans l'alcool et l'éther.

Elle se dissout dans les alcalis caustiques et carbonatés avec une belle couleur rouge, qui, à la longue, prend une teinte noire.

Lorsqu'on traite d'après M. Piria (*Ann. de Chim. et de Phys.* (3) XXXI, p. 217) la nitronaphtaline en solution alcoolique et bouillante par du sulfite ammonique, et qu'on prolonge l'ébullition pendant plusieurs heures en saturant de temps en temps la liqueur par du carbonate d'ammoniaque, on obtient les sels ammoniacaux de deux acides nouveaux, et une grande quantité d'une substance résineuse d'un rouge violacé.

L'un des acides est l'acide *thionaphtamique* (C^{20} H^9 N S^2 O^6) qui n'existe pas à l'état libre, puisque, dès qu'on essaye de le dégager de ses combinaisons, il se décompose en acide sulfurique et en naphtylamine.

Les thionaphtamates sont de couleur rougeâtre ou améthyste.

L'autre acide, qu'on peut isoler, est l'acide *naphthionique* ou sulfonaphtalidamique, isomère avec le précédent, déjà obtenu antérieurement par Laurent (*Compte-rendu* de l'Acad. XXXI, p. 537.) Cet acide est facilement altéré par les corps oxydants, qui le brunissent rapidement.

Les naphthionates alcalins prennent une teinte rouge sous l'influence de l'air et de la lumière; avec le chlorure ferrique, ils donnent un abondant précipité rouge brique; le chlorure d'or colore leurs solutions en pourpre; avec le sulfate de cuivre, le liquide se colore fortement en rouge, sans qu'il se forme de précipité; avec l'acétate de plomb, il y a formation d'un précipité cristallin de naphtionate de plomb rougeâtre, peu soluble dans l'eau, mais en faisant bouillir, la solution se colore également en rouge et perd peu à peu la propriété de cristalliser.

En traitant la naphtaline par l'acide sulfurique concentré à 90 — 100°, il se forme des acides sulfo et dissulfo-naphtaliques, qu'on peut obtenir cristallisés. Il ne serait nullement impossible qu'en faisant réagir ces acides sur les nitronaphtalines à une température assez élevée, on réalisât des conditions favorables à la production de matières colorantes artificielles.

Addition au Bleu d'Aniline.

On trouve dans le *Repertory of Patent Inventions*, nov. 1861, p. 384, la description suivante du procédé de M. A. Girard pour la préparation du bleu d'aniline :

On commence par préparer du rouge d'aniline pur (sec et cristallisé, tel qu'il est livré maintenant au commerce), et on le mélange avec environ son poids d'aniline; on chauffe le tout pendant cinq à six heures à une température de 165° centigrades ou du moins à une température ne descendant pas au-dessous de 155° et ne dépassant pas 180°. Il en résulte une matière violette ; l'on purifie par l'ébullition avec de l'acide hydrochlorique étendu.

Sur 1 °/₀ de matière brute, on emploie 10 à 12 °/₀ d'acide chlorhydrique qu'on étend de beaucoup d'eau.

Par l'action de l'acide, l'excès d'aniline et de rouge d'aniline est enlevé, et il reste un résidu de violet d'aniline pur. Ce dernier est soluble dans l'alcool, l'acide acétique, l'esprit de bois, l'eau bouillante acidulée d'acide acétique, et peut être employé directement pour la teinture.

Pour isoler le bleu d'aniline, on fait bouillir à plusieurs reprises le violet d'aniline avec de l'acide chlorhydrique étendu de 10 fois son volume d'eau et on termine par un lavage à l'eau bouillante.

L'ébullition avec l'acide doit être répétée jusqu'à ce que la matière soit devenue bleu pur ; le bleu ainsi préparé présente un reflet cuivré très-brillant : pour la teinture, on le dissout dans l'acide acétique concentré, dans l'alcool ou dans l'esprit de bois, et on étend ces solutions avec la quantité d'eau convenable.

Les liqueurs obtenues par le traitement de la matière violette par l'acide chlorhydrique faible renferment de l'hydrochlorate d'aniline et de rouge d'aniline; en les précipitant par un alcali, on peut en retirer de l'aniline qu'on purifie par distillation.

Au lieu de préparer d'abord le rouge d'aniline pur, on peut aussi traiter un excès d'aniline par les agents générateurs du rouge d'aniline. Dans ce cas, une partie de l'aniline se transforme d'abord en rouge, lequel, étant chauffé en présence de l'excès d'aniline, se transforme peu à peu en violet, d'où l'on peut ensuite préparer le bleu d'aniline.

Cependant l'auteur préfère isoler d'abord le rouge pur pour le convertir ensuite en violet et en bleu d'aniline.

Composition du bleu d'aniline obtenu par la transformation du rouge d'aniline au moyen de l'aldéhyde. (Voyez *Moniteur scientifique*, juillet 1861, p. 389.)

M. Willm (*Bullet. de la Soc. indust. de Mulhouse*, nov. 1861, p. 513) a analysé le bleu d'aniline produit par la réaction décrite par M. Ch. Lauth, et préparé de la manière suivante :

On dissout 20 gr. de rouge d'aniline pur et cristallisé (retiré du rouge d'aniline brut obtenu par l'action de l'acide nitrique sur l'aniline, et purifié en le dissolvant à l'ébullition dans une solution aqueuse de créosote, dont il se dépose, après douze heures de repos, en cristaux assez volumineux) dans 280 centim. cubes d'acide chlorhydrique du commerce, et on étend cette solution de son volume d'eau et de 100 centim. cubes d'aldéhyde brute, telle qu'elle est obtenue par la distillation d'un mélange d'acide sulfurique, de bichromate de potasse et d'alcool faible.

Le mélange doit rester vingt-quatre heures en contact, après quoi on le neutralise par de la soude, qu'on ajoute en léger excès ; de cette manière, on précipite tout le bleu qui s'est formé, on le jette sur un filtre et on le lave jusqu'à parfaite neutralité.

Pour le purifier, on le dissout dans l'esprit de bois pur et on évapore à sec ; le résidu est mélangé d'une matière résineuse jaune dont on le débarrasse par des lavages au sulfure de carbone.

Quand ce dissolvant n'enlève plus rien, on dessèche le résidu et on le dissout dans de l'esprit de bois étendu de son volume d'eau, on filtre, on évapore à sec, et on reprend une dernière fois par de l'esprit de bois absolu, qui abandonne enfin, après évaporation, le produit bleu à l'état de pureté.

Il présente alors les propriétés suivantes :

Il est soluble dans l'eau, l'alcool, l'éther, la glycérine, les alcalis, les acides, mais insoluble dans la plupart des dissolutions salines; c'est pourquoi une solution acide est précipitée par les alcalis. Il teint la soie, la laine, le coton à la manière des autres couleurs d'aniline ; ses nuances sont très-pures, malheureusement il manque complétement de solidité, la lumière l'altère très-promptement.

Il se décompose également avec la plus grande facilité par la chaleur, de manière qu'il est extrêmement difficile de le dessécher sans l'altérer ; une température de 200° le décompose entièrement.

La moyenne de six analyses a fourni à M. Willm les nombres suivants :

Carbone..........	75.88
Hydrogène.......	6.44
Azote............	7.31
Oxygène.........	10.37

Ces nombres correspondent exactement à la moyenne entre les deux formules : $C^{24}H^{11}NO^{4}$ et $C^{24}H^{11}NO^{4}HO$.

M. Willm pense que, si la dessiccation eût été plus facile, les analyses se seraient accordées avec la première formule.

Celle-ci s'exprime rationnellement par :

$$N \left\{ \begin{array}{ll} C^{12}H^{5}O^{2} & \text{(oxyphényle)} \\ C^{12}H^{5} & \text{(phényle)} \\ H & \end{array} \right.$$

Elle est celle d'une amide mixte, l'*oxyphénylanilide*, c'est-à-dire d'ammoniaque ayant 1 atome d'hydrogène remplacé par son équivalent d'oxyphényle (radical de l'acide oxyphénique) et un second atome par du phényle.

M. Willm pense que la plupart des dérivés colorés de l'aniline pourraient bien être des substances de cet ordre-là, c'est-à-dire des molécules d'ammoniaque, simples, doubles, triples, ayant un ou plusieurs atomes d'hydrogène remplacés par de l'oxyphényle et du phényle ou par de l'oxyphényle seulement.

Le fait le plus saillant de cette réaction est l'élimination d'azote, en sorte que l'aldéhyde n'agit pas seulement sur le rouge comme réducteur, mais son action porte aussi sur l'azote qu'elle enlève à l'état d'ammoniaque, ce qui, du reste, est d'accord avec l'expérience, puisque dans les eaux-mères de la préparation du bleu on peut constater la présence d'acétate d'ammoniaque.

La réaction peut s'exprimer par l'équation suivante :

$$\underset{\text{Trianiline mononitrée. Rouge.}}{2\,(C^{38}H^{19}N^{4}O^{4})} + \underset{\text{Aldéhyde.}}{5\,(C^{4}H^{4}O^{2})} + 8\,NO = \left\{ \begin{array}{l} \underset{\text{Bleu ou Oxyphénylanilide}}{3\,[C^{24}H^{11}NO^{4}]} \\ \underset{\text{Acétate d'ammoniaque.}}{5\,[C^{4}H^{3}(NH^{4})O^{4}]} \end{array} \right.$$

M. Willm, ayant cherché à analyser un produit violet intermédiaire entre le bleu et le rouge générateur, n'a obtenu que des résultats peu concordants.

Carbone..........	74.31 à 76.03
Hydrogène.......	6.47 à 6.97
Azote............	9.60

L'auteur a également analysé l'*azuline*, qui lui a donné les nombres :

			Moyenne.	$C^{24}H^{11}NO^{4}$
Carbone........	71.24	71.64	71.44	71.64
Hydrogène......	5.67	5.72	5.69	5.47
Azote..........	—	5.62	5.62	6.96

Ces résultats s'accordent bien, sauf l'azote, avec la formule $C^{24}H^{11}NO^{4}$, qui représente de la dioxyphénylamide.

$$N \left\{ \begin{array}{l} C^{12}H^{5}O^{2} \\ C^{12}H^{5}O^{2} \\ H \end{array} \right.$$

Le mode de préparation de l'azuline n'est pas connu, mais il est probable que l'acide phénique (ou phénol) y joue un rôle.

TROISIÈME PARTIE — COULEURS DÉRIVÉES DU PHÉNOL

Le groupe du phénol se relie de la manière la plus intime à l'aniline et à la benzine, ou pour parler plus exactement, ce sont la benzine et l'aniline qui appartiennent au groupe du phénol et qui en dérivent de la manière la plus évidente.

En étudiant les matières colorantes artificielles, on devrait logiquement et scientifiquement commencer par l'examen du groupe phénique, qui, plus que toute autre famille naturelle des composés organiques, paraît jouir du privilége très-précieux de fournir des réactions donnant naissance à des matières colorantes. On peut dire que presque tous les corps dans lesquels se rencontre la molécule phényl ($C^{12} H^5$), sont capables de se transformer plus ou moins facilement en composés colorés, dont un certain nombre a déjà trouvé une application industrielle et dont d'autres, mieux connus, seront capables d'en recevoir. Nous citerons quelques exemples à l'appui de cette assertion, exemples qui montreront en même temps les relations qui existent entre certains composés organiques et le phényl.

La benzine $C^{12} H^6$ peut être considérée comme de l'hydrure de phényl, en effet : $C^{12} H^6 = C^{12} H^5 + H$.

Nous avons déjà passé en revue de nombreux corps colorés dérivés de la benzine. L'aniline n'est autre chose que de l'azoture de phényl et d'hydrogène, ou de l'ammoniaque dans lequel 1 éq. d'hydrogène est remplacé par 1 éq. de phényl.

$$C^{12} H^7 N = N \begin{cases} C^{12} H^5 \text{ (phényl)} \\ H \\ H \end{cases}$$
$$\text{Aniline.}$$

Le phénol (ou acide phénique ou alcool phénique, ou enfin acide carbolique), peut être envisagé comme de l'hydrate d'oxyde de phényl.

$$C^{12} H^6 O^2 = C^{12} H^5 O + HO$$
$$\text{Phénol.}$$

Nous verrons plus loin que l'aniline peut être considérée comme du phénate d'ammoniaque moins de l'eau.

$$C^{12} H^7 N = [C^{12} H^6 O^2 + H^3 N] — 2 HO$$
$$\text{Aniline.} \qquad \text{Phénate ammonique.}$$

et l'on peut en effet préparer directement de l'aniline avec le phénol en présence de l'ammoniaque dans des circonstances convenables.

L'acide oxyphénique (pyrocatéchine, acide pyromorintannique) qu'on prépare par la distillation sèche du cachou, et qui donne avec les sels ferriques une coloration vert foncé, passant au rouge foncé par l'addition d'un alcali, a pour formule $C^{12} H^6 O^4$ et peut être considéré comme de l'oxyde de phénol.

$$C^{12} H^6 O^4 = C^{12} H^6 O^2 + O^2.$$
$$\text{Acide oxyphénique.} \quad \text{Phénol.}$$

Nous venons de voir que, d'après M. Willm, certains bleus d'aniline et l'azuline peuvent être considérés comme de l'ammoniaque, dans lequel 1 ou 2 équiv. d'hydrogène sont remplacés par de l'oxyphényl ($C^{12} H^5 O^4$) ou de l'oxyphényl et du phényl.

L'hydrure de salicyle $C^{14} H^6 O^4$, qu'on peut considérer comme de l'acide carbonique + de la benzine :

$$C^{14} H^6 O^4 = C^2 O^4 + C^{12} H^6$$

et l'acide salicylique $C^{14} H^6 O^6$, qui représente de l'acide carbonique plus du phénol :

$$C^{14} H^6 O^6 = C^2 O^4 + C^{12} H^6 O^2$$

mis en contact avec les sels ferriques, se colorent en violet très-foncé.

L'acide nitrosalicylique (acide indigotique ou anilique) se colore en rouge de sang avec les sels ferriques.

L'acide binitrosalicylique donne avec les sels ferriques une coloration rouge cerise.

l'acide benzoïque $C^{14} H^6 O^4$, qu'on peut également considérer soit comme de l'acide carbonique plus de la benzine :

$$C^{14} H^6 O^4 = C^2O^4 + C^{12} H^6$$

soit comme de l'acide phenyl formique :

$$C^{14} H^6 O^4 = C^2 (H, C^{12} H^5) O^4$$

offre également des dérivés très-intéressants sous le rapport de la production des matières colorantes artificielles

C'est ainsi que le benzonitrile $C^{14} H^5 N$, qui peut être considéré soit comme du benzoate d'ammoniaque moins de l'eau :

$$C^{14} H^6 O^4, H^3N - H^4O^4 = C^{14} H^5 N$$
Benzoate ammonique.   Eau.   Benzonitrile.

soit comme du cyanure de phényl :

$$C^{14} H^5 N = C^2 N + C^{12} H^5$$
Benzonitrile. Cyanogène. Phényl.

donne naissance, d'après M. Wagner (*Jahresb. d. chem. Technolog. für* 1860, p. 484), à une magnifique matière colorante rouge, pouvant rivaliser avec la fuchsine.

Ce fait mérite toute l'attention des chimistes industriels.

A la vérité, l'acide benzoïque, retiré du benjoin, est encore en ce moment d'un prix très-élevé; mais on pourra, quand on le voudra, le préparer en quantité pour ainsi dire illimitée et à des prix extrêmement réduits. En effet, l'urine des herbivores renferme des quantités considérables d'acide hippurique et même quelquefois d'acide benzoïque, qu'on peut en retirer à très-peu de frais; on n'a qu'à saturer l'urine par un léger excès de lait de chaux ; on porte à l'ébullition, on filtre, on évapore rapidement en 1/8 ou 1/10 du volume primitif, puis on sature par de l'acide chlorhydrique.

Après le refroidissement complet, on trouve une abondante cristallisation d'acide hippurique. 1 hectolitre d'urine de vache fournit 1 1/3 kilogramme de cet acide.

En faisant bouillir l'acide hippurique pendant quelque temps avec de l'acide chlorhydrique concentré, il se dédouble en sucre de gélatine et en acide benzoïque, qu'il est facile de séparer à cause du peu de solubilité de l'acide benzoïque dans l'eau.

$$C^{18} H^9 NO^6 + 2 HO = C^{14} H^6 O^4 + C^4 H^5 NO^4$$
Acide hippurique.   Acide benzoïque.   Sucre de gélatine.

Avec l'acide benzoïque ainsi obtenu, on peut ensuite préparer tous les dérivés du benzoate d'ammoniaque, et finalement du benzonitrile.

Ces exemples auxquels se joindront les composés colorés si intéressants, dérivés directement du phénol, suffisent pour montrer de quelle importance sont, au point de vue des matières colorantes artificielles, les composés renfermant la molécule phényl.

Phénol. Acide phénique $C^{12} H^6 O^2$.

Le phénol se rencontre en quantité considérable dans le goudron des usines à gaz et en général dans les produits de la distillation sèche de la houille, des schistes, de plusieurs résines, etc.

Le goudron de cannel-coal renferme jusqu'à 14 0/0, celui de la houille du Staffordshire 9 0/0, et celui de la houille de Newcastle 5 0/0 de son poids de phénol. Il se rencontre surtout dans les huiles de goudron qui distillent entre 150° et 200°. Sa séparation des autres huiles de goudron est facile, parce que le phénol, jouissant des propriétés d'un acide, est capable de se combiner avec les bases, potasse, soude, chaux, baryte.

Voici le procédé indiqué par Laurent (Gerhardt, *Chimie organ.* III, p. 16). Aux huiles de goudron ayant distillé en 150° et 200°, on ajoute une solution très-concentrée de potasse caustique et même de la potasse solide.

Aussitôt l'huile se prend en une masse blanche et cristalline; on décante les parties liquides et on dissout dans l'eau la partie solide.

Il se produit ainsi deux couches, l'une légère et huileuse qui surnage, l'autre plus pesante et aqueuse. On sépare celle-ci et on la neutralise par de l'acide chlorhydrique; le phénol se sépare sous forme huileuse; après l'avoir mis en digestion, avec du chlorure de calcium fondu, on le décante, et on le rectifie par distillation en mettant à part ce qui passe entre 185 et 190°. On refroidit cette portion très-lentement, de manière à la solidifier en partie et à obtenir de gros cristaux. On conserve ceux-ci à l'abri du contact de l'air.

A la place de potasse ou de soude caustique, on peut aussi employer un lait de chaux faire bouillir et agiter très-vivement. On décante les huiles neutres et on sépare de nouveau le phénol de la chaux en saturant par l'acide chlorhydrique. On purifie le phénol brut par plusieurs distillations.

Nous avons déjà indiqué au commencement de ce travail (Voyez *Moniteur Scientifique*, 1860, p. 823 et 824) comment on peut extraire, presque sans frais, le phénol des résidus d'épuration des huiles légères et lourdes de goudron.

Propriétés du Phénol.

Le phénol pur est solide, incolore, cristallisé en longues aiguilles, d'une odeur semblable à celle de la créosote; il fond entre 34° et 35° et bout vers 184°—186°.

Souvent le phénol refuse de cristalliser, surtout lorsqu'il n'est pas complétement anhydre et pur, mais d'après M. Williamson *(Ann. de Chim. et Phys.* (3) 41, p. 491), on n'a qu'à y déposer quelques cristaux de phénol pur, pour obtenir au bout d'un certain temps une abondante cristallisation.

La densité des cristaux est de 1. 065 à + 18°. Le phénol ne rougit pas le tournesol et fait sur le papier des taches grasses qui disparaissent peu à peu.

100 Parties d'eau ne dissolvent à + 20° que 3,28 de phénol. Ce dernier est moins soluble dans des solutions salines neutres.

La saveur du phénol est excessivement âcre et brûlante; il attaque fortement la peau des lèvres et les gencives. Sa solution aqueuse coagule l'albumine et possède des propriétés éminemment antiputrides.

Les viandes immergées pendant quelque temps dans une solution de phénol peuvent ensuite être séchées à l'air et se conservent pendant très-longtemps sans la moindre altération. Il est hors de doute que cette propriété remarquable du phénol est susceptible des plus utiles applications.

Le phénol se dissout facilement dans l'alcool, l'éther, l'acide acétique.

Un copeau de bois de pin humecté de phénol ou d'une solution aqueuse de ce corps, plongé ensuite dans de l'acide chlorhydrique et séché à l'air, se colore en bleu foncé et cette coloration n'est pas détruite par le chlore.

Le phénol dissout le soufre, l'iode, un peu d'indigo, la colophane, le copal; il ne décompose pas les carbonates.

Les phénates de potasse et de soude sont cristallisables en aiguilles blanches très-fines, parfaitement solubles dans l'eau.

Le phénate de chaux est également soluble dans l'eau.

L'ammoniaque liquide ne dissout pas le phénol, mais celui-ci absorbe l'ammoniaque gazeuse. Le produit, maintenu pendant quelque temps à la température de 300°, dans un tube scellé à la lampe, se convertit en partie en eau et en aniline.

$$C^{12} H^6 O^2 + NH^3 = 2HO + C^{12} H^7 N$$
Phénol.　　Ammoniaque.　Eau.　　Aniline.

Il est très-probable qu'on pourra réaliser des circonstances moins difficiles et moins dangereuses, dans lesquelles le phénol mis en présence de l'ammoniaque à l'état naissant pourra se convertir en aniline.

D'après M. Wagner (*Jahresb. der Chemis. Technol.*, 1860, p. 484.) on obtient de l'aniline en faisant passer à 300° un mélange de vapeurs de phénol et d'eau sur du cyanure de barium.

La vapeur d'eau réagissant sur le cyanure de barium donne naissance à de l'ammoniaque, qui, à l'état naissant réagit sur le phénol, qu'il convertit en eau et aniline.

Il reste pour résidu du carbonate de baryte, qu'il est facile de convertir de nouveau en cyanure de barium, d'après le procédé de M. Marguerite.

On réussit, peut-être plus facilement encore, en faisant passer des vapeurs d'hydrochlorate ou de carbonate d'ammoniaque sur du phénate de potasse sec et anhydre chauffé à une température convenable.

Nous pensons que cette expérience mérite d'être vérifiée industriellement.

Une réaction caractéristique du phénate d'ammoniaque a été signalée par M. Berthelot (*Répertoire de Chim. appliquée*, 1859, p. 284.) Si l'on mélange le phénol avec une petite quantité d'ammoniaque et si l'on ajoute du chlorure de chaux, il se produit une belle coloration bleue.

Mais cette coloration n'est pas persistante. La couleur bleue disparaît ou se transforme en violet ou rouge dès qu'on sature par un acide.

Lorsqu'on fait réagir l'acide sulfurique concentré sur le phénol, les deux corps se combinent avec dégagement de chaleur et sans se colorer, en produisant de l'acide sulfophénique ou phényl-sulfurique ($C^{12} H^{6} O^{4} + S^{2} O^{6}$). Après 24 heures de contact, l'eau versée dans ce mélange ne précipite plus rien. Pour isoler l'acide sulfophénique et le séparer de l'excès d'acide sulfurique, on sature la liqueur à chaud par de la baryte ou du carbonate de baryte ou même de la chaux. On filtre et on a en solution du sulfophénate de baryte ou de chaux, qu'on peut faire cristalliser en concentrant les liqueurs.

En précipitant la baryte ou la chaux par une quantité convenable d'acide sulfurique, filtrant et évaporant dans le vide, on peut obtenir l'acide sulfophénique à l'état sirupeux.

M. Monnet a publié (*Bullet. de la Soc. industr. de Mulhouse* 1861, oct., p. 404) quelques observations intéressantes sur les réactions de l'acide sulfophénique. En faisant tomber quelques gouttes de chlorure ferrique dans une solution très-étendue de cet acide, on obtient une coloration violette magnifique; mais on n'a pas réussi à la fixer sur tissus.

L'action prolongée à froid du deutoxyde d'azote sur l'acide sulfophénique est susceptible, suivant le degré de saturation, de produire d'abord du rouge, puis du violet et du bleu. Contrairement aux autres réactions de l'acide phénique, ces couleurs ne maintiennent leurs nuances primitives qu'au contact des acides forts; l'eau les vire au jaune opalin, et, par l'addition d'ammoniaque, on obtient une belle liqueur d'un vert plus ou moins bleu.

A la teinture, ces couleurs ne donnent que des résultats médiocres, vu leur peu d'affinité pour les tissus.

Une réaction très-curieuse est celle de l'iodure d'amyle sur l'acide sulfophénique : si à 5 p. d'acide, on ajoute 3 p. d'iodure d'amyle, les deux liquides ne réagissent pas à froid, et ne se mélangent qu'imparfaitement; on chauffe à 130°; la réaction a lieu avec dégagement d'abondantes vapeurs d'iode; on soutient l'ébullition jusqu'à ce que tout l'iode soit chassé. Par le refroidissement on obtient une masse sirupeuse jaune orangé que les acides font virer au jaune vif.

Par les alcalis dilués on obtient immédiatement une belle matière colorante rouge très-abondante, ressemblant au rouge d'aniline et présentant beaucoup d'analogie avec l'acide rosolique.

Les acides ramènent cette couleur au jaune.

MM. Kolbe et Schmitt ont également publié des expériences intéressantes sur l'action de l'acide sulfurique sur le phénol. (*Zeitschr. f. Chem. u. pharm..*, 1861, p. 457.) Si l'on chauffe dans une cornue un mélange de 1 1:2 p. de phénol, 1 p. acide oxalique, et 2 p. acide sulfurique concentré, à la température de 140° — 150°, l'acide oxalique se décompose en acide carbonique et oxyde de carbone, et il distille en même temps de l'eau et un peu de phénol. Mais peu à peu le mélange dans la cornue commence à se colorer, et après 4 à 5 heures, il a acquis une coloration rouge brun bien foncée. Lorsque le dégagement du gaz cesse et que la matière se boursouffle, on la verse toute chaude dans une capsule remplie d'eau chaude et on fait bouillir pour chasser l'excès de phénol.

L'eau contient en solution, outre de l'acide sulfurique libre, une quantité considérable d'acide sulfophénique : au fond de la capsule on trouve une masse pâteuse, insoluble, d'un brun noirâtre, qui se solidifie par le refroidissement.

Elle présente alors l'aspect d'une résine cassante, à cassure brillante, sans saveur ni odeur, insoluble dans l'eau, peu soluble dans l'alcool froid, plus soluble dans l'alcool bouillant, d'où elle se dépose de nouveau sous forme résineuse par le refroidissement. Cette résine est soluble dans l'acide acétique monohydraté et on en obtient des quantités notables.

Elle se dissout avec une magnifique couleur pourpre dans l'ammoniaque, les alcalis caustiques et dans les carbonates alcalins, mais sans en chasser l'acide carbonique. L'eau de chaux ou de baryte en dissout également, mais en plus petite quantité, et la solution est rouge.

En évaporant la solution aqueuse ammoniacale, toute l'ammoniaque s'en va, et il reste un corps brun amorphe, semblable à la gomme laque.

En neutralisant la solution alcoolique froide avec de l'acide sulfurique ou chlorhydrique étendu, il se précipite des flocons amorphes d'un beau jaune orange. Si la précipitation a lieu à chaud, les flocons s'agglomèrent en masses résineuses de couleur plus ou moins foncée suivant que la température a été plus ou moins élevée.

Les flocons précipités à froid, recueillis sur un filtre, bien lavés à l'eau froide et desséchés ensuite à la température ordinaire, se présentent sous forme de masse légère, d'un très-bel orangé, tout à fait semblable à l'alizarine de la garance.

Ce corps fond à 80°; chauffé plus fortement, il se décompose en dégageant du phénol et des vapeurs qui présentent une odeur analogue à celle de l'acide sulfureux, quoique ce composé, dont la composition peut être représentée par la formule $C^{10} H^4 O^4$, ne contienne pas trace de soufre.

Cette formule offre une relation très-simple et assez curieuse avec celle de l'alizarine de la garance, qui est $C^{20} H^{10} O^6$ ou $2 (C^{10} H^5 O^3)$. En effet $C^{10} H^4 O^4 — H + O = C^{10} H^3 O^3$.

Les auteurs avaient espéré un instant d'avoir réussi à préparer une matière colorante possédant des propriétés semblables à celles de l'alizarine ; mais une étude plus attentive leur a bientôt démontré qu'il n'existe en réalité que fort peu d'analogie entre ces deux substances.

La solution de la résine colorée dans une liqueur alcaline étendue n'est pas précipitée par l'alun et le chlorure stanneux, ni par des sels de chaux et de baryte. (La non-précipitation de l'alun et du chlorure stanneux, dans cette circonstance nous paraît très-extraordinaire, et nous fait soupçonner quelque erreur d'observation ou une faute d'impression. (E. K.) L'acétate de plomb y occasionne un précipité d'un beau rouge, mais de composition variable.

En ajoutant à la solution alcaline du prussiate rouge (ferricyanure de potasse), la coloration rouge de la solution devient beaucoup plus foncée et plus intense. Les acides précipitent des flocons d'un brun foncé, fusibles par la chaleur à la manière d'une résine, et qui paraissent différents du corps primitif.

Ce dernier mis en contact avec de la limaille de fer et de l'acide acétique perd entièrement sa belle couleur orange.

En filtrant la solution incolore et bouillante, il s'en dépose par le refroidissement des flocons blancs, peu solubles dans l'eau froide, solubles sans coloration dans les liqueurs alcalines, d'où elles sont de nouveau précipitées en blanc par l'addition des acides.

Mais cette solution alcaline incolore exposée à l'air se colore peu à peu en rouge. En y versant du prussiate rouge de potasse, la coloration rouge se développe immédiatement d'une manière intense. Cette désoxydation du principe coloré orange peut également être produite par l'action de l'amalgame de sodium; dans ce cas également la liqueur incolore rougit de nouveau à l'air.

La matière colorante obtenue par MM. Kolbe et Schmitt se distingue par sa stabilité en présence des alcalis. La solution alcaline, même avec excès d'alcali, peut être évaporée à siccité et chauffée même jusqu'au point de fusion de la potasse caustique, sans que le produit soit altéré.

De nombreux essais d'application à la teinture n'ont point donné de résultats satisfaisants. Les auteurs sont d'avis que ce nouveau corps est très-analogue, sinon identique, avec l'acide roséolique.

Nous croyons devoir mentionner quelques réactions colorées, à la vérité assez vagues et peu étudiées, observées par M. Breitenlöhner, en faisant réagir l'ammoniaque à l'état naissant et à une température de 180°—220° sur du phénol impur (créosote du commerce).

L'auteur ne donne aucune indication sur cette réaction, qu'il avait essayée dans le but de convertir le phénol en aniline. (Dingler. *Polyt. Journ.*, CLXI, p. 150.)

Le produit de l'opération, après qu'on eut enlevé de l'eau et de l'eupione (huile légère de goudron), qui s'étaient condensées en premier lieu, consistait en un liquide aqueux d'un bleu foncé et en une huile brune verdâtre, d'une densité de 0.955, qui devenait plus foncée sous l'influence de la lumière.

Cette huile, agitée avec une solution de soude caustique de 1,355 p. sp., se transforme en une masse visqueuse d'un beau vert émeraude, laquelle, par l'addition d'un acide, se convertit en une huile d'une couleur rouge rubis. M. Breitenlöhner donne à cette huile, qui possède une réaction acide et dont la densité est presque égale à celle de l'eau, le nom de protéoline, à cause de la facilité avec laquelle elle change de nuance et se modifie.

Les réactions présentées par ces substances sont les suivantes :

1° *Liquide bleu.* — Il exhale une odeur ammoniacale et est miscible en toute proportion avec l'eau. En l'agitant avec de l'essence ou huile légère de schiste (photogène), celle-ci s'empare de la matière colorante qui, en même temps, passe du bleu au rose. La liqueur aqueuse se décolore. Les acides minéraux détruisent la coloration rose, en colorant l'huile de schiste en brun ou rouge brun. L'acide oxalique, au contraire, rend la nuance rose plus intense.

La potasse et la soude caustique éliminent la matière colorante de l'essence de schiste en se colorant en vert émeraude; l'ammoniaque en se colorant en bleu. L'alcool et l'esprit de bois changent le bleu en vert. L'éther enlève au liquide bleu une matière colorante rose, pendant que la couche aqueuse inférieure se teinte en vert. En laissant l'éther s'évaporer spontanément, il reste une huile visqueuse rouge, que les alcalis fixes colorent en vert.

Un cristal d'alun se colore en rose dans le liquide bleu; le sublimé corrosif donne, par l'ébullition et après refroidissement, une coloration rouge-cerise; le chlorure stannique un précipité couleur de chair. Le chlorure de chaux, ajouté en excès, détruit les matières colorantes.

Le liquide bleu abandonné à lui-même passe, au bout d'un certain temps, au violet plus ou moins rougeâtre, sans perdre son odeur ammoniacale et sans élimination de particules solides ou huileuses.

Cette teinte violette n'est plus verdie par les alcalis fixes, et l'addition d'ammoniaque liquide la fait virer en cramoisi.

Mais, par l'addition d'acides, on provoque la séparation de gouttelettes huileuses rouges, qui sont maintenant changées en vert émeraude par les alcalis fixes.

2° *Matière colorante vert émeraude.* — Après l'addition d'alcali au produit distillé huileux, ce dernier se sépare en deux couches : l'inférieure, d'un vert pâle, renferme l'excès d'alcali; la supérieure, très-visqueuse, est formée par la matière colorante.

Non-seulement la potasse, la soude, la chaux, la baryte, mais encore les oxydes métalliques sont capables de produire la couleur verte.

La masse verte alcaline exposée à l'air attire l'acide carbonique et acquiert en même temps une nuance rougeâtre.

Du papier coloré en vert par cette matière ne la cède ni à l'alcool ni à l'éther, mais, sous l'influence de l'air et de la lumière, le vert se transforme peu à peu en bleu persistant.

3° *Matière colorante rouge.* — Elle se sépare sous forme huileuse en saturant l'alcali de la masse verte par un acide.

L'huile rouge possède une odeur rappelant celle de la créosote. En la mettant en contact avec l'ammoniaque, celle-ci se colore en bleu.

L'huile rouge se dissout dans l'alcool, l'esprit de bois et l'éther.

Elle n'est pas altérée par les acides étendus, mais bien par les acides concentrés.

Avec le chlorure de chaux, il se forme un précipité rose, tandis que la liqueur devient verte.

Un lait de chaux la change en bleu verdâtre, qui bientôt se transforme en violet rougeâtre assez brillant. Cette couleur violette est soluble dans l'eau et l'alcool et ne s'altère pas à l'air; mais elle devient bleue, puis verte par l'ammoniaque, et est détruite par les acides et par les alcalis.

L'huile rouge, lorsqu'on la rectifie, fournit d'abord du bleu, et paraît distiller entre 200 et 205°. Peu à peu le thermomètre monte à 280°. Si l'on dissout alors le résidu épais dans l'alcool, ce dernier est coloré en rouge vif et intense.

La matière colorante paraît donc pouvoir résister à une chaleur de près de 300°.

M. Breitenlohner ne paraît pas avoir fait des essais en vue de fixer sa protéoline sur fibre textile.

Nous verrons plus loin, en étudiant les caractères de l'acide rosolique, que ni la matière de M. Breitenlohner, ni celle de MM. Kolbe et Schmitt, ne peuvent être confondues avec l'acide rosolique.

Ce dernier se produit par l'oxydation du phénol sous l'influence d'alcalis fixes et de terres alcalines, surtout à l'aide de la chaleur.

Les alcalis caustiques n'attaquent pas le phénol, qui ne fait que s'y combiner; on peut distiller le phénol sur de la baryte ou de la chaux caustique, sans qu'il y ait décomposition.

Les corps halogènes (chlore, brôme) attaquent le phénol en donnant des produits de substitution.

L'acide chromique colore le phénol en noir.

L'acide nitrique l'attaque également très-vivement en donnant une série de corps nitrés, dont le plus important est l'acide picrique ou trinitrophénisique.

Le phénol réduit l'oxyde mercurique à l'ébullition, le bioxyde de plomb déjà à froid, et sépare l'argent à l'état métallique de son nitrate.

Un mélange d'acide chlorhydrique et de chlorate de potasse convertit le phénol d'abord en acide trichlorophénique, et ensuite en chloranile dont la formule est : $C^{12}Cl^4O^4$.

Une réaction très-intéressante est celle du perchlorure de phosphore. Elle a été étudiée à fond par MM. Williamson et Scrugham. (*Chem. Soc. Quat. Journ.,* VII. 237. 1854.)

En faisant réagir sur le phénol du perchlorure de phosphore, il se forme de l'oxychlorure de phosphore et un corps huileux, qui est un mélange de chlorure de phényle et de phosphate de phényle. Le travail de M. Riche a confirmé ces données. (*Compt.-Rend.,* LIII, 1861, p. 586.) En distillant, il passe un liquide bouillant à 136°, qui est le chlorure de phényle : $C^{12}H^5Cl$, ou benzine monochlorée.

Il reste dans la cornue du phosphate de phényle, qui ne distille qu'au-dessus de 330°, et qui, par le refroidissement, se prend en une masse de beaux cristaux.

Le phosphate de phényle, distillé avec du cyanure de potassium, donne naissance à du cyanure de phényle ou benzonitrile, $C^{14}H^5N$, lequel, comme nous l'avons déjà indiqué plus haut, peut être converti en une matière colorante rouge, semblable au rouge d'aniline.

Nous commencerons l'étude des dérivés colorés du phénol par ceux qui résultent de son oxydation.

Acide rosolique. — Cet acide, comme nous l'avons déjà signalé, est un produit d'oxydation du phénol sous une influence alcaline.

Il fut obtenu pour la première fois par Runge, en 1834, en examinant les résidus de la préparation du phénol. Ces résidus, d'une couleur brune noirâtre, sont surtout composés de deux acides, dont l'un est l'acide rosolique et l'autre l'acide brunolique.

On les isole, d'après la méthode de Runge, en dissolvant le tout dans un peu d'alcool et ajoutant un lait de chaux. On obtient ainsi une belle solution rose de rosolate de chaux et un dépôt brun de brunolate de chaux.

Par l'addition d'acide acétique, on précipite l'acide rosolique de sa solution calcique rose; mais, pour l'obtenir entièrement pur et exempt d'acide brunolique, il faut répéter à plusieurs reprises le traitement par le lait de chaux et par l'acide acétique, jusqu'à ce que l'acide rosolique se dissolve sans résidu brun dans un lait de chaux étendu. On le lave alors avec de l'eau, on le fait sécher et on le dissout dans l'alcool ; la solution alcoolique, évaporée lentement, laisse pour résidu une masse orange, solide, dure, d'apparence résineuse.

M. Runge n'avait retiré du goudron que de très-petites quantités d'acide rosolique.

L'attention fut de nouveau attirée sur ce corps par M. Tschelnitz. (*Wien. Acad. Berichte.* XXIII. Janvier 1857, p. 269. et *Dingler. Polyt. Journ.* 1858, CL, Novembre, p. 407.)

Ce chimiste avait observé que des huiles lourdes de goudron, en contact avec du mortier frais, coloraient ce dernier au bout d'un certain temps en rouge très-intense. Il mélangea ces huiles avec un excès d'hydrate de chaux, et, abandonnant le tout dans un endroit chaud et aéré pendant plusieurs mois, il obtint une masse rouge foncé qui avait perdu presque totalement l'odeur du goudron.

Elle fut pulvérisée et traitée à chaud par de l'acide sulfurique étendu.

Il se sépara à la surface une substance oléagineuse épaisse, d'un brun rougeâtre, qui fut recueillie et bouillie avec de l'eau, tant qu'il se volatilisait des matières huileuses. Le résidu fixe fût jeté après refroidissement sur un filtre, lavé avec de l'eau, séché et traité par de l'alcool, qui dissout les acides rosolique et brunolique.

La solution alcoolique donna avec les alcalis fixes des liqueurs violettes foncées, et avec un lait de chaux, une belle solution rouge rose.

Avec cette dernière solution on peut préparer l'acide rosolique pur, en suivant le procédé indiqué par Runge.

On peut aussi concentrer la solution rose du rosolate de chaux, y ajouter un peu d'alcool, faire cristalliser ce sel et retirer l'acide du sel purifié.

M. Tschelnitz trouva pour l'acide rosolique ainsi purifié les propriétés suivantes, qui confirment celles indiquées par M. Runge : masse résineuse orange, se ramollissant par la chaleur, insoluble dans l'eau, facilement soluble dans l'alcool, l'éther et les alcalis ou terres alcalines, ces dernières combinaisons se distinguent toutes par de magnifiques nuances violettes ou roses carminées.

Mais elles présentent le grave inconvénient, lorsqu'elles restent exposées à l'air et à la lumière, de se ternir très-rapidement.

D'après une courte notice de M. Smith (*Chem. gaz.* 1858, 20; et *Repert. de Chim. appl.* 1860, t. I, p. 163), l'acide rosolique est un produit d'oxydation du phénol, ayant pour formule $C^{14}H^6O^3$ ou $C^{24}H^{12}O^6$ et peut être préparé par divers procédés : l'un d'eux consiste à traiter le phénol ou la créosote du commerce par un mélange de soude caustique et de peroxyde de manganèse à une température assez élevée; la masse qui en résulte est reprise par l'eau et le rosolate de soude est décomposé par un acide.

L'acide rosolique est de nature résineuse et fournit de l'acide nitropicrique lorsqu'on le traite à chaud par l'acide nitrique.

D'après M. Smith, l'emploi de l'acide rosolique en teinture, malgré les nuances très-belles que présentent ses sels alcalins, doit offrir de très-grandes difficultés, puisque les acides les plus faibles, même l'acide carbonique de l'air, suffisent pour détruire la coloration, qui n'est stable qu'en présence d'un alcali.

M. Dussart (*Répert. de Chem. appl.*, t. I, p. 207), assigne à l'acide rosolique la formule $C^{12} H^9 O^4$. C'est, d'après lui, un acide rouge, solide, très-friable, qui fond en se décomposant, peu soluble dans l'eau, soluble dans les carbonates alcalins sans déplacement d'acide carbonique, soluble dans les alcalis caustiques, avec une teinte riche rouge cerise, précipitable par les acides les plus faibles, et ne formant pas de laque avec l'alumine.

La chaux, la baryte, la strontiane donnent des sels moins solubles.

Les sels métalliques produisent par double décomposition des précipités insolubles diversement colorés.

Distillé sur un excès de chaux potassée, l'acide rosolique régénère du phénol, tout en se charbonnant. L'acide sulfureux liquide ne le décolore pas.

Si, au lieu de sécher l'acide rosolique à l'air libre, après sa précipitation, on l'expose encore humide à une température de 80° environ, il subit, d'après M. Dussart, une transformation isomérique, et se présente avec une couleur verte cantharide très-belle. La pulvérisation le ramène à son premier état.

MM. Persoz fils et Arnaudon, en essayant l'acide, préparé par M. Dussart, à la teinture, ont trouvé qu'il donne, sur laine et sur soie mordancées par l'alun, une belle couleur jaune-orangé. Lorsqu'on fait virer cette couleur dans un bain d'eau de baryte à une température de 25°, on obtient la coloration riche rouge cerise; mais malheureusement elle se ternit peu à peu à l'air.

M. Hugo Mueller (*Répert de Ch. appliq.* 1860, II, p. 66. — *Chem. Soc. Qual. journ.* 1858, XI, p. 1) s'était occupé en même temps que M. Dussart, et probablement même un peu avant ce chimiste, de recherches sur l'acide rosolique.

Il prépara le rosolate de chaux brut d'après le procédé de M. Tschelnitz. Pour le purifier, il employa le procédé suivant:

Le rosolate calcique brut est décomposé à l'ébullition par du carbonate ammoniaque. On filtre la liqueur rouge carminé et on l'évapore presque à siccité.

Pendant cette opération il se dégage de l'ammoniaque, la couleur vire à l'orange et il se précipite une matière résineuse, qui est l'acide rosolique impur. On le purifie d'après la méthode de Runge; mais pour séparer finalement les dernières traces de chaux, on dissout l'acide rosolique déjà purifiée dans de l'alcool acidulé par quelques gouttes d'acide chlorhydrique et on verse le tout dans une grande quantité d'eau.

L'acide rosolique pur, bouilli avec de l'eau, se présente sous forme d'une substance amorphe d'un vert foncé et présentant l'éclat des cantharides. Lorsqu'on la pulvérise, elle devient rouge orangé, et, frottée avec un corps dur, elle acquiert un bel aspect doré; elle est translucide en couche mince et présente alors une teinte rouge ou orange foncé.

L'acide rosolique précipité d'une solution alcoolique au moyen de l'eau se présente sous forme de flocons rouges orangé, de la nuance du chromate basique de plomb. À 60° ils s'agglomèrent et fondent dans l'eau bouillante, présentant l'aspect d'un liquide lourd, épais, d'un vert foncé presque noir.

Chauffé dans un tube de verre, l'acide dégage une vapeur jaune; mais la majeure partie se décompose, laissant un charbon difficile à incinérer. — L'acide se dissout dans l'alcool, l'éther, le phénol, la créosote et dans les acides acétique, chlorhydrique et sulfurique concentrés.

Ces solutions ont une teinte brune jaunâtre et l'eau précipite l'acide en flocons.

Contrairement à l'assertion de M. Runge et d'autres chimistes, M. Mueller trouva que l'eau froide dissout une petite, et l'eau bouillante une assez notable quantité d'acide rosolique pur. La solution saturée bouillante laisse déposer, par le refroidissement, la majeure partie de l'acide sous forme de poudre d'un rouge cinabre.

Le chloroforme, la benzine et le sulfure de carbone ne le dissolvent pas. L'acide rosolique est une acide des plus faibles; il ne se combine qu'à l'ammoniaque, aux alcalis fixes et aux hydrates de terres alcalines, formant des sels d'un rouge-foncé, qui se dissolvent avec une magnifique couleur carminée dans l'eau et l'alcool.

Mais ces combinaisons sont si instables, qu'elles sont détruites rapidement et complétement par l'acide carbonique de l'air et par l'influence de la lumière solaire.

La solution de rosolate calcique, évaporée dans le vide au-dessus de la chaux vive, laisse pour résidu une poudre grenue ou cristalline, qui, pressée, ressemble à de la carthamine.

Le sel de magnésie est comparativement un des plus stables.

D'après M. Hugo Mueller, les sels solubles de l'acide rosolique n'occasionnent aucun précipité dans les solutions de sels métalliques et sont incapables de donner naissance à des laques, soit avec l'alumine, soit avec des oxydes semblables.

Le chlore et le brome déterminent dans les solutions alcooliques ou alcalines de l'acide rosolique des précipités jaune clair, qui, sous l'influence d'un alcali, se rédissolvent, mais sans régénérer la belle coloration rouge.

L'acide nitrique à chaud réagit de la même manière.

Une solution alcaline de glucose est sans action sur l'acide rosolique.

M. Hugo Mueller a trouvé par l'analyse des nombres qui correspondent avec la formule $C^{40}\ H^{22}\ O^{5}$.

Cette formule s'écarte beaucoup de celle de M. Smith et encore plus de celle de M. Dussart, en ce qu'elle renferme beaucoup moins d'oxygène.

En effet, celle de M. Smith quadruplée donne $C^{48}\ H^{24}\ O^{12} = 4\ (C^{12}\ H^{6}\ O^{3})$ et celle de M. Dussart. $C^{48}\ H^{24}\ O^{16} = 4\ (C^{12}\ H^{6}\ O^{4})$.

Les recherches de M. Jourdin (*Répert. de Chim. applic.* 1861, juin, p. 216) sur l'acide rosolique et les rosolates, nous ont fait connaître quelques nouvelles réactions de formation de cet acide curieux.

En chauffant un mélange de phénol et de soude caustique hydratée (phénate de soude) avec de l'oxyde de mercure, on obtient très-rapidement (en 10 minutes) et à une température inférieure à 150°, la transformation du phénol en acide rosolique et la formation d'un rosolate de soude d'un très-beau rouge. Ce sel se présente alors sous la forme d'un liquide excessivement visqueux, se solidifiant presque entièrement par le refroidissement et n'ayant besoin de subir d'autre purification qu'une simple décantation pour le séparer du mercure réduit, qui reste au fond du vase dans lequel on a opéré.

En chauffant le phénol avec du sublimé corrosif dans un appareil distillatoire, on obtient de l'acide rosolique dans la cornue et il se condense dans le récipient l'excès de phénol saturé d'acide chlorhydrique et fumant excessivement à l'air.

Dans cette réaction il pourrait y avoir formation d'une certaine quantité de chlorure de phényl. E. K.

M. Jourdin a trouvé, pour l'acide rosolique, la formule $C^{12}\ H^{6}\ O^{3}$ déjà obtenue par M. Smith.

A ces modes de formation de l'acide rosolique, il convient encore d'ajouter ceux indiqués par MM. Perkin, et Duppa (*Chm. News,* juin 1861, p. 351) dans leurs recherches sur les dérivés de l'acide acétique.

En chauffant ensemble à 120° un mélange de phénol et d'acide bromacétique on obtient deux produits, dont un possède les propriétés de l'acide rosolique et dont l'autre présente les caractères de l'acide brunolique.

De même on chauffant un mélange d'iode et de phénol, en présence des acides formique, acétique, butyrique ou valérianique, on produit également de l'acide rosolique ou une substance très-analogue.

Le rosolate de magnésie a été employé pendant quelque temps pour l'impression de mousselines. Il était fixé au moyen de l'albumine.

D'après des expériences très-récentes de MM. Schützenberger et Paraf (*Comptes-rendus de 'Acad.* LIV, 1862, p. 197), l'acide rosolique prend également naissance dans la réaction du protochlorure d'iode sur le phénol.

Ces deux corps agissent l'un sur l'autre avec énergie et production de grandes quantités d'acide hydrochlorique. Le produit de la réaction se dissout dans la soude; la solution donne avec l'acide hydrochlorique un précipité liquide, épais, blanc grisâtre; par ce traitement, on débarrasse le liquide primitif d'une certaine quantité d'iode libre.

La substance, ainsi purifiée, dégage beaucoup d'iode lorsqu'on la chauffe, et il se forme des quantités notables d'acide rosolique, soluble et rouge cramoisi dans les alcalis.

Par la distillation dans le vide, le liquide peut être partagé en deux parties : l'une volatile, liquide, incolore, plus dense que l'eau, insoluble dans l'eau, soluble dans l'alcool et l'éther, soluble aussi dans les lessives alcalines pas trop concentrées de potasse et de soude, avec lesquelles elle forme des combinaisons salines : c'est le *phénol mono-iodé* ou *acide phénique mono-iodé*. Sa génération est exprimée par l'équation :

$$C^{12} H^6 O^2 + Cl\,J = Cl\,H + C^{12} H^5 J\,O^2.$$

Phénol.   Chlorure d'iode.   Acide phénique mono-iodé.

Ce composé est détruit par la chaleur et ne distille intact que dans le vide. L'autre partie est un corps solide, incolore, fusible vers 110°, très-peu soluble dans l'eau, un peu plus soluble dans l'eau alcoolisée bouillante, d'où il se dépose, sous forme de fines aiguilles aplaties, d'une odeur faible rappelant celle de l'acide chlorophénique, soluble dans l'alcool, l'éther et les alcalis, avec lesquels il forme des sels très-solubles dans l'eau pure, insolubles dans une liqueur concentrée. La chaleur les décompose avec mise en liberté d'iode et formation d'acide rosolique. Le corps est l'*acide phénique bi-iodé* et résulte de la réaction du chlorure d'iode sur l'acide phénique mono-iodé.

On a en effet : $$C^{12} H^5 J O^2 + Cl\,J = Cl\,H + C^{12} H^4 J^2 O^2.$$

Acide phénique mono-iodé.   Acide phénique bi-iodé.

Nous interrompons notre compte-rendu des dérivés colorés du phénol, pour communiquer à nos lecteurs le mémoire si important que vient de publier M. Hofmann sur la composition et les propriétés du rouge d'aniline.

Recherches sur les Matières colorantes dérivées de l'aniline
Par M. A.-W. Hofmann.

« Dans une note soumise à l'Académie le 20 septembre 1858 sur l'action du tétrachlorure de carbone sur l'aniline, j'ai décrit la carbotriphényltriamine.

$$C^{19} H^{17} Az^6 = \left.\begin{matrix}C''' \\ (C^6 H^5)\,{}^3 \\ H^2\end{matrix}\right\} Az^3 \text{ ou bien } C^{38} H^{17} N^6 = \left.\begin{matrix}C^4 \\ (C^{12} H^5)\,{}^3 \\ H^2\end{matrix}\right\} N^3 \text{ (Notation ordinaire.)}$$

Base cristalline et formée par la condensation de 3 molécules d'aniline, réunies par le carbone substitué à l'hydrogène. La production de ce corps est accompagnée par celle d'une matière colorante d'un cramoisi magnifique.

Il est peut-être utile de reproduire le passage qui traite de la matière colorante. « En soumettant un mélange de 1 partie de bichlorure de carbone et de 3 parties d'aniline, ces deux corps à l'état anhydre, pendant à peu près trente heures à la température de 170 à 180°, le liquide se trouve transformé en une masse noirâtre, ou molle et visqueuse, ou dure et cassante selon le temps et la température.

Cette masse noirâtre, adhérant avec beaucoup de persistance aux tubes dans lesquels la réaction s'est effectuée, est un mélange de plusieurs corps. En épuisant par l'eau, on en dissout une partie, une autre restant insoluble à l'état d'une résine plus ou moins solide.

La solution aqueuse fournit par la potasse un précipité huileux, renfermant une proportion très-considérable d'aniline non changée. En faisant bouillir dans une cornue ce précipité avec de la potasse diluée, l'aniline passe à la distillation, tandis qu'il reste une huile visqueuse se solidifiant peu à peu avec une structure cristalline. Des lavages par l'alcool froid et une ou deux cristallisations dans l'alcool bouillant rendent le corps parfaitement blanc et pur, une substance très-soluble, d'un cramoisi magnifique, restant en dissolution.

La portion de la masse noirâtre qui restait insoluble dans l'eau se dissout très-facilement dans l'acide chlorhydrique ; elle est précipitée de nouveau de cette solution par les alcalis à l'état de poudre amorphe d'un rouge sale, soluble dans l'alcool, qu'il colore d'un riche cramoisi. La plus grande partie de cette substance est la même matière colorante qui accompagne le corps cristallin.

L'action du tétrachlorure de carbone sur l'aniline ne fournit qu'une quantité comparativement petite de la matière rouge ; d'ailleurs la température à laquelle on a exposé le mélange et les proportions relatives des deux substances qui réagissent l'une sur l'autre, ne sont pas sans influence sur le résultat de l'expérience. La carbotriphényltriamine et la base qui prend une teinte cramoisie en se dissolvant dans l'alcool ne sont pas les seuls produits de la réaction. Il se forme d'autres bases, la plupart amorphes et accessibles seulement sous forme de sels de platine, qui, à cause de la similitude de leurs caractères chimiques, entravent la purification du nouveau composé. Malgré de nombreux essais, je ne réussis pas à obtenir la matière colorante à l'état propre à l'analyse, et j'en abandonnai l'étude pour le moment.

Cependant, l'industrie ne tarda pas à découvrir pour la production du rouge d'aniline des méthodes nouvelles et plus avantageuses. Certains chlorures métalliques (le tétrachlorure d'étain) et nitrates (le nitrate mercureux), ainsi qu'un grand nombre d'agents oxydants, sont susceptibles de convertir l'aniline en cette matière cramoisie. C'est M. Verguin qui, le premier, prépara la couleur sur une grande échelle par l'action du tétrachlorure d'étain sur l'aniline. Depuis cette époque, la production du rouge d'aniline est devenue une industrie importante qui, entre les mains de MM. Renard frères, en France, et de MM. Simpson, Maule, et Nicholson, en Angleterre, a rapidement atteint des proportions colossales. On se convaincra de l'intérêt qui s'attache à ce sujet en jetant un coup d'œil sur les recueils périodiques. Les journaux de chimie appliquée surtout fournissent de nombreuses descriptions de procédés pour la formation de la matière colorante, qu'on a proposé d'appeler *fuchsine*, *Magenta*, ou par d'autres termes de fantaisie. L'action même du tétrachlorure de carbone sur l'aniline, qui paraissait n'avoir aucune importance au premier abord, a été utilisée sur une grande échelle, et des observations intéressantes sur la production industrielle de la couleur au moyen du chlorure carbonique ont été publiées par M. Charles Dolfus Galline (1), par MM. Monnet et Dury (2), et enfin par M. Lauth (3), et ont prouvé que le rouge d'aniline, ainsi préparé en grand, peut être appliqué à la teinture et fournir exactement les mêmes résultats que la matière colorante produite par d'autres procédés. Ce n'est pas ici le lieu de faire l'exposé détaillé du développement de cette nouvelle industrie, qui a d'ailleurs été admirablement tracé par M. E. Kopp dans une série d'articles intéressants publiés dans le *Répertoire de chimie appliquée* (4). Cependant j'ai jugé à propos de citer les autorités ci-dessus, afin de montrer que

____

(1) *Répertoire de Chimie appliquée*, 1861, p. 11, et *Moniteur scientifique*, 1861, p. 25.
(2)   Id.   Id.   p. 12, et   Id.,   1861, p. 26.
(3)   Id.   Id.   p. 416, et   Id.,   1861, p. 886.

(4) Les mêmes articles ont paru dans le *Moniteur scientifique*, d'une manière plus complète, et M. Kopp a tiré à part les articles rédigés pour ce dernier journal. La collection de ces articles forme une brochure in-4°, du prix de 6 fr., qui se vend chez M. E. Kopp, Grande Rue, 26, à Saverne (Bas-Rhin).

la matière colorante basique que j'ai observée en 1858, en étudiant l'action du tétrachlorure de carbone sur l'aniline, est identique avec le rouge d'aniline fabriqué maintenant par divers procédés sur une très-grande échelle.

Une substance possédant des propriétés aussi remarquables que le rouge d'aniline, et qu'on peut de plus se procurer comme produit de commerce, devait attirer l'attention des hommes de science.

Le sujet a été examiné successivement par M. Guignet (1), M. Béchamp (2), M. Wilm (3), MM. Persoz, de Luynes et Salvetat (4), M. Schneider et plus récemment par M. Kopp (5), et M. Bolley (6). Les résultats obtenus par ces expérimentateurs sont loin d'être concordants. J'attribue cette divergence de résultats de la part d'observateurs si habiles aux obstacles que l'on rencontre pour se procurer la matière colorante à l'état de pureté, et à la facilité avec laquelle la plus petite quantité de corps étrangers est capable de masquer les propriétés de ce composé remarquable.

La matière colorante rouge de l'aniline et ses composés salins paraissent avoir été obtenus pour la première fois à l'état de pureté par mon ami et ancien élève M. Edw. Chambers-Nicholson, fabricant aussi distingué par son érudition scientifique que par l'habile et persistante énergie qui lui ont permis, à plusieurs reprises, de rendre les résultats de recherches purement scientifiques utiles aux intérêts de l'industrie.

C'est avec une rare libéralité que M. Nicholson a mis à ma disposition, non-seulement une suite très-complète des magnifiques composés qu'il prépare, mais aussi les observations nombreuses et précises qu'il a accumulées sur ce sujet dans des expériences prolongées. C'est donc grâce à l'obligeance de M. Nicholson que j'ai été à même d'aborder l'étude de ces corps remarquables. M. Nicholson désigne la base pure de la matière colorante sous le nom de *roséine*, qui paraît parfaitement approprié, puisque cette substance qui fournit des solutions d'un si beau rose, est absolument blanche à l'état solide. Toutefois, comme le corps dont il s'agit paraît être le prototype de toute une série de pareils composés, qu'on peut obtenir par l'application de méthodes semblables aux homologues et probablement aux analogues de l'aniline, il serait utile de rappeler l'origine de cette substance par son nom même. Je propose donc le nom de *rosaniline* pour la nouvelle base.

Rosaniline. — La matière première qui se prête admirablement à l'extraction de cette base est l'acétate, qui s'emploie généralement en teinture, acétate que M. Nicholson prépare à l'état de pureté parfaite. La solution bouillante de ce sel décomposé par un grand excès d'ammoniaque fournit un précipité cristallin d'une couleur rougeâtre qui constitue la base à l'état d'assez grande pureté.

Le liquide incolore, séparé par filtration du précipité, dépose, par le refroidissement, des aiguilles et tablettes cristallines parfaitement blanches. C'est la rosaniline parfaitement pure. Malheureusement, la solubilité de la base dans l'ammoniaque, ou même dans l'eau bouillante, est extrêmement faible, de manière qu'on n'obtient qu'une très-petite quantité du composé dans la condition absolument incolore. La rosaniline est un peu plus soluble dans l'alcool, le liquide possède une couleur rouge foncé ; elle est insoluble dans l'éther. Exposée à l'action de l'air atmosphérique, la base devient rapidement rose et finit par prendre une teinte rouge foncé. Pendant ce changement de couleur, on n'observe pas de variation de poids sensible.

(1) *Bulletin de la Société chimique*, séance du 23 déc. 1860, et *Moniteur scientifique*, 1860, 1861 et 1862.
(2) *Annales de chimie et de physique*, 3ᵉ série, t. LIX, p. 306, et   id.,   id.
(3) *Bulletin de la Société chimique*, séance du 27 juillet 1861, et   id.,   id.
(4) *Comptes-rendus*, t. LI, p. 638. — t. ibid., p. 1057, et   id.,   id.
(5) *Annales de chimie et de physique*, 3ᵉ série, t. LXII, p. 222, et   id.,   id.
(6) *Dingler's Polit-Journal*, t. CLX, p. 57, et   id.,   d.

A la température de 100 degrés, la rosaniline perd rapidement une faible quantité d'eau d'interposition ; on peut ensuite chauffer à 130 degrés, sans qu'elle change de poids ; à une température plus élevée, la rosaniline se décompose en dégageant un liquide huileux orme principalement d'aniline, et en laissant une masse charbonneuse comme résidu.

La combustion de la rosaniline a conduit à la formule :

$$C^{40} H^{21} Az^3 O = C^{40} H^{19} Az^3, H^2O, \text{ ou bien } C^{40} A^{21} N^3 O^2 = C^{40} H^{19} N^3 2 HO. \text{ (Notat. ordinaire.)}$$

qui a été corroborée par l'examen de nombreux sels et dérivés bien caractérisés.

La rosaniline est une base puissante, bien définie, qui forme plusieurs séries de sels, presque tous remarquables par leur facilité de cristallisation. Les proportions dans lesquelles cette substance s'unit aux acides, lui assignent les caractères d'une triamine triacide. Comme plusieurs autres triamines que j'ai examinées, elle paraît être capable de produire trois classes de sels, savoir :

$$C^{40}H^{19}Az^3, HCl, \text{ ou bien } C^{40}H^{19}N^3, HCl. \text{ (Notation ordinaire.)}$$
$$C^{40}H^{19}Az^3, 2HCl. \quad - \quad C^{40}H^{19}N^3, 2HCl. \quad -$$
$$C^{40}H^{19}Az^3, 3HCl, \quad - \quad C^{40}H^{19}N^3, 3HCl. \quad -$$

Cependant, jusqu'à présent je n'ai réussi à former que les représentants de la 1re et de la 3e classe. Les prédilections de la rosaniline sont essentiellement monoacides. Les sels à 1 équivalent d'acide sont des composés extrêmement stables. Je les ai fait cristalliser quatre ou cinq fois sans les altérer en aucune façon. Les sels à 1 équivalent d'acide présentent la plupart, à la lumière réfléchie, l'aspect vert métallique des ailes de cantharide. Vus par transmission, les cristaux sont rouges, devenant opaques lorsqu'ils acquièrent certaines dimensions.

Les solutions de ces sels dans l'eau ou l'alcool possèdent la magnifique couleur cramoisie qui a fait la renommée de cette matière. Les sels à 3 équivalents d'acide sont, au contraire, d'un brun jaunâtre, à l'état solide comme en solution. Ils sont beaucoup plus solubles dans l'eau et l'alcool que les sels monoacides, qui, la plupart, sont naturellement peu solubles. Les deux classes de sels de rosaniline cristallisent aisément, surtout les composés monoacides. M. Nicholson en a obtenu plusieurs en cristaux parfaitement définis, qui sont actuellement entre les mains de M. Quintino Sella, pour être examinés au point de vue cristallographique.

Chlorures. — Ces sels, et plus spécialement le sel monoacide, ont servi particulièrement à déterminer la formule de la rosaniline. Préparé, soit par l'action de l'acide chlorhydrique, soit au moyen du chlorure d'ammonium, ce sel se dépose de sa solution bouillante en tablettes rhombiques bien définies, souvent réunies sous forme étoilée. Le chlorure est difficilement soluble dans l'eau, plus soluble dans l'alcool, insoluble dans l'éther. Ce sel retient une petite quantité d'eau à 100 degrés, mais devient anhydre à 130 degrés. A cette température, il contient :

$$C^{40}H^{19}Az^3, HCl, \text{ ou bien } C^{40}H^{19}N^3, HCl. \text{ (Notation ordinaire.)}$$

Comme la plupart des sels de rosaniline, il est très-hygroscopique, caractère qu'il ne fallait pas perdre de vue dans l'analyse de ces composés. Le chlorure monoacide se dissout plus aisément dans l'acide chlorhydrique moyennement dilué que dans l'eau. Si la solution, légèrement chauffée, est mélangée avec de l'acide chlorhydrique très-concentré, elle se solidifie par le refroidissement en un réseau de magnifiques aiguilles d'un brun rouge, qu'il faut laver avec de l'acide chlorhydrique concentré et sécher dans le vide sur de l'acide sulfurique et de la chaux. L'eau les décompose en reproduisant le composé monoacide. Le sel obtenu par l'action de l'acide chlorhydrique concentré est le composé à 3 équivalents d'acide, savoir :

$$C^{40}H^{19}Az^3, 3HCl, \text{ ou bien } C^{40}H^{19}N^3, 3HCl.$$

Exposé à 100 degrés, ce sel perd graduellement son acide ; les cristaux bruns deviennent d'un bleu indigo, et, si on les maintient à cette température jusqu'à ce que leur poids devienne constant, le sel vert primitif à 1 équivalent d'acide est régénéré, comme il a été constaté par l'analyse. Peut-être la coloration bleue indique-t-elle la formation éphémère d'un composé intermédiaire diacide. Les deux chlorures se combinent avec le dichlorure de platine. Les composés ainsi produits étant incristallisables ne s'obtiennent pas facilement à l'état de pureté. D'après la détermination du platine, qui n'a donné que des résultats approximatifs, j'attribue à ces sels respectivement les compositions suivantes :

$$C^{20}H^{19}Az^3,HCl,PtCl^2,\ \text{ou bien}\ C^{40}H^{19}N^3,HCl,\ Pt\ Cl^2\ \text{(Notation ordinaire.)}$$
$$C^{20}H^{19}Az^3,3HCl,3PtCl^2,\ \ -\ \ C^{40}H^{19}N^3,3HCl,3Pt\ Cl^2\ \ -$$

Le *bromure de rosaniline* ressemble, sous tous les rapports, au chlorure. Il est encore moins soluble que ce dernier. Desséché à 130 degrés, ce sel renferme :

$$C^{20}H^{19}Az^3HBr,\ \text{ou bien}\ C^{40}H^{19}N^3,\ HBr.$$

Le *sulfate de rosaniline* s'obtient aisément en dissolvant la base libre dans l'acide sulfurique dilué et bouillant. Par le refroidissement, ce sel se dépose en cristaux verts à reflet métallique, qu'une seule recristallisation suffit pour purifier parfaitement. Il est difficilement soluble dans l'eau, plus soluble dans l'alcool, insoluble dans l'éther. A 130 degrés, température à laquelle il perd une petite quantité d'eau, la composition de ce sel est :

$$\left. \begin{array}{l} C^{20}H^{19}Az^3,H \\ C^{20}H^{19}Az^3,H \end{array} \right\} SO^4,\ \text{ou bien}\ 2\,[C^{40}H^{19}N^3] + 2\,[SO^3,HO).\ \text{(Notation ordinaire.)}$$

Le sulfate acide cristallise difficilement ; je ne l'ai pas analysé.

Oxalate de rosaniline. — Sa préparation et ses propriétés sont tout à fait semblables à celles du sulfate. Ce sel retient à 100 degrés 1 équivalent d'eau, et, à cette température, est représenté par la formule :

$$\left. \begin{array}{l} C^{20}H^{19}Az^3,H \\ C^{20}H^{19}Az^3,H \end{array} \right\} C^4O^4,H^2O,\ \text{ou bien}\ 2\,[C^{40}\ H^{19}\ N^3] + 2\,[C^4O^3H^2O^2].\ \text{(Notation ordinaire.)}$$

L'eau peut être enlevée à un degré de chaleur plus élevé, mais la température à laquelle elle est expulsée et celle à laquelle l'oxalate entre en décomposition sont si voisines l'une de l'autre, qu'il n'est pas bien facile d'obtenir le sel à l'état anhydre. Je n'ai pas réussi à préparer un oxalate contenant une plus grande proportion d'acide.

Acétate de rosaniline. — Ce sel est probablement le plus beau de la série. M. Nicholson l'a obtenu en cristaux d'un quart de pouce d'épaisseur, qui, soumis à l'analyse, ont été reconnus pour être de l'acétate monoacide à l'état de pureté :

$$C^{40}H^{19}Az^3,HC^4H^3O^3,\ \text{ou bien}\ C^{40}H^{19}N^3,C^4H^4O^4\ \text{(Notation ordinaire.)}$$

L'acétate est un des sels les plus solubles dans l'eau et dans l'alcool. On ne peut pas le faire recristalliser d'une manière convenable.

Le *formiate de rosaniline* est semblable à l'acétate

Parmi les autres sels qui forment cette base, je mentionnerai le *chromate*, qu'on obtient par l'addition du bichromate de potassium à la solution de l'acétate, sous forme d'un précipité rouge-brique, se changeant, par l'action de l'eau bouillante, en une poudre verte cristalline, presque insoluble. Le *picrate* mérite encore d'être mentionné. Il cristallise en magnifiques aiguilles rougeâtres, aussi très-difficilement solubles dans l'eau.

Quelque nombreux et variés que soient les résultats analytiques qui viennent à l'appui de la formule de la rosaniline et de ses composés, il paraissait désirable de corroborer l'expression dérivée de la simple analyse par des expériences additionnelles. Dans ce but, j'ai étudié les produits de décomposition de la rosaniline, qui sont à la fois nombreux et intéressants. Je me bornerai aujourd'hui à signaler une ou deux transformations de ce composé, qui paraissent dignes d'intérêt, non seulement parce qu'elles confirment la formule que je viens de proposer, mais aussi parce qu'elles mettent en lumière la nature de la classe de substances à laquelle appartient la rosaniline.

Action des agents réducteurs sur la rosaniline. — Cette réaction paraissait devoir fournir le moyen le plus simple de contrôler la formule de la matière colorante, prévision qui n'a pas manqué de se réaliser.

La rosaniline est rapidement attaquée par l'hydrogène à l'état naissant ou par l'hydrogène sulfuré. Une solution de la base dans l'acide chlorhydrique, étant laissée en contact avec du zinc métallique, est bientôt décolorée. Le liquide ainsi obtenu contient, outre du chlorure de zinc, le chlorure d'une nouvelle triamine qui est parfaitement incolore à l'état libre comme en combinaison saline. Je propose de lui donner le nom de *leucaniline*. La séparation du nouveau composé d'avec le zinc est longue et pénible; je préfère donc le préparer par l'action du sulfure d'ammonium.

Un sel de rosaniline, étant en digestion pendant quelque temps avec du sulfure d'ammonium, fournit une masse fondue se solidifiant, par le refroidissement, en une matière cassante à peine cristalline, qui constitue la leucaniline à l'état presque pur. Cependant, il n'est pas nécessaire d'employer, pour la préparation de ce composé, un sel de rosaniline pur. Généralement, j'ai préparé la leucaniline au moyen des produits commerciaux qu'on vend sous le nom de Fuchsine ou de Magenta. Pour purifier le produit ainsi obtenu, la masse jaune résineuse est réduite en poudre, lavée avec de l'eau pour enlever le sulfure d'ammonium, et dissoute dans l'acide chlorhydrique dilué pour séparer le soufre et les impuretés.

La solution brun foncé ainsi obtenue fournit, avec l'acide chlorhydrique concentré, un abondant précipité cristallin qui, suivant le degré de pureté de la matière colorante du commerce qu'on a employée, est brun ou jaune. Des lavages prolongés à l'acide chlorhydrique concentré, dans lequel le précipité est presque insoluble, permettent de le purifier jusqu'à un certain point. Mais, dans la plupart des cas, il est nécessaire de répéter une ou deux fois l'opération précédente, c'est-à-dire de dissoudre dans l'acide chlorhydrique dilué et de précipiter par l'acide concentré. Si, avant de faire la dernière addition d'acide chlorhydrique concentré, on chauffe la solution à l'ébullition, le liquide reste clair, et le nouveau chlorure se sépare par le refroidissement sous forme de cristaux. Ceux-ci sont des tablettes rectangulaires parfaitement bien formées, mais toujours très petites, très-souvent d'un blanc éclatant. Une nouvelle cristallisation dans l'eau, où ils sont extrêmement solubles, suffit pour les purifier. On peut également dissoudre le sel dans l'alcool et le précipiter par l'éther, dans lequel il est tout à fait insoluble.

Le chlorure ainsi purifié fournit, par l'addition de l'ammoniaque, la leucaniline à l'état de poudre d'une blancheur parfaite, qui prend une faible teinte rose lorsqu'on l'abandonne pendant quelque temps au contact de l'atmosphère du laboratoire. Elle est à peine soluble dans l'eau froide et très-peu dans l'eau bouillante, d'où elle se sépare par le refroidissement sous forme de petits cristaux. Elle est très-soluble dans l'alcool, peu soluble dans l'éther; je n'ai pas réussi à l'obtenir en beaux cristaux au moyen de ces dissolvants. Le meilleur dissolvant paraît être une solution du chlorure décrit ci-dessus, dans laquelle la leucaniline est franchement soluble, et d'où elle se sépare par le refroidissement sous forme d'aiguilles entrelacées qui sont fréquemment réunies en groupes arrondis. La leucaniline peut être desséchée dans le vide sur l'acide sulfurique, sans changer de couleur. Lorsqu'on la chauffe avec précaution, elle devient rouge, et à 100 degrés fond en un liquide transparent rouge foncé, qui par le refroidissement se solidifie en une masse moins colorée. La leucaniline est anhydre; l'analyse de cette substance desséchée dans le vide et à 100 degrés a fourni des résultats qui correspondent à la formule

$$C^{20}H^{21}N^{3}, \text{ ou bien } C^{40}H^{21}N^{3}. \text{ (Notation ordinaire.)}$$

Cette formule a été vérifiée par l'examen du chlorure déjà mentionné, d'un sel de platine parfaitement cristallisé, et enfin du nitrate, qu'on peut également obtenir en beaux cristaux.

Chlorure de leucaniline. — La préparation de ce composé a déjà été exposée ci-dessus. Il est triacide et retient, après dessiccation dans le vide, 1 équivalent d'eau. Sa formule est

$$C^{20}H^{19}N^3, 3HCl + H^2O, \text{ ou bien } C^{40}H^{24}N^3, 3HCl + 2(HO). \quad \text{(Notation ordinaire.)}$$

Ce sel ne peut pas être desséché à 100 degrés, du moins au contact de l'air; mais on peut éliminer l'eau, quoique avec difficulté, en le maintenant pendant assez longtemps à 100 degrés dans un courant d'hydrogène. C'est en vain que j'ai cherché à convertir ce composé en un sel contenant moins d'acide, en faisant bouillir sa solution avec un excès de leucaniline. Cette solution dépose par le refroidissement sa base en cristaux magnifiques, le sel triacide restant en dissolution.

Sel platinique de leucaniline. — En ajoutant du dichlorure à une solution modérément concentrée et tiède du chlorure de la base, il se sépare par le refroidissement un très-beau sel de platine d'un jaune orangé brillant, sous forme de prismes bien définis, généralement groupés en étoiles triangulaires. Ce sel est difficilement soluble dans l'eau froide; l'eau bouillante le décompose; à 100 degrés, il retient 1 équivalent d'eau qu'on peut chasser, quoique avec difficulté, à une température plus élevée. Plusieurs analyses de ce magnifique composé m'ont conduit à la formule

$$C^{20}H^{19}N^3, 3HCl, 3PtCl^2 + H^2O, \text{ ou bien } C^{40}H^{24}N^3, 3HCl, 3\,Pt\,Cl^2 + 2\,HO \quad \text{(Notation ordinaire.)}$$

Nitrate. — Aiguilles blanches, bien formées, solubles dans l'eau et l'alcool, insolubles dans l'éther. Le sel est assez difficilement soluble dans l'acide nitrique; desséché dans le vide, il contient

$$C^{20}H^{19}N^3, 3HNO^5 + H^2O, \text{ ou bien } C^{40}H^{24}N^3, 3[NO^5,HO] + 2\,HO. \quad \text{(Notation ordinaire.)}$$

Je n'ai pas réussi à séparer l'eau de cristallisation, le sel étant décomposé à 100 degrés. Les sels de leucaniline sont en général bien cristallisés; ils sont tous très-solubles dans l'eau et se précipitent de leurs solutions aqueuses par l'addition de leurs acides respectifs. Le sulfate est remarquable par la facilité avec laquelle il cristallise. J'ai soumis la leucaniline à l'action du disulfure de carbone, du chlorure de benzoïle et de plusieurs autres agents. Dans chacun de ces cas, la leucaniline est promptement attaquée en donnant naissance à de nouveaux composés dont quelques-uns ont un pouvoir cristallin considérable. L'étude de ces substances n'appartient pas à la présente communication. La note que j'ai l'honneur de présenter aujourd'hui à l'Académie n'a pour but que de fixer la composition des deux nouvelles bases, et la relation qui existe entre elles. Cette relation, comme le prouve un coup d'œil jeté sur leurs formules, est de l'ordre le plus simple. A l'état anhydre, les deux substances contiennent respectivement :

Rosaniline... $C^{20}H^{19}N^3$, ou bien $C^{40}H^{24}N^3$ (Notation ordinaire.),

Leucaniline.. $C^{20}H^{19}N^3$, — $C^{40}H^{24}N^3$,

La leucaniline ne diffère de la rosaniline que par deux équivalents d'hydrogène en plus. On observe entre ces deux bases la même relation qu'entre l'indigo bleu et l'indigo blanc.

Indigo bleu... $C^{16}H^{10}N^2O^2$, ou bien $2[C^{16}H^5NO^2] = C^{32}H^{10}N^2O^4$. (Notation ordinaire.)

Indigo blanc.. $C^{16}H^{10}N_2O_2$, — $C^{32}H^{12}N^2O^4 = C^{32}H^{12}N^2O^4$ —

Comme on pouvait s'y attendre, la leucaniline est facilement retransformée en rosaniline par les agents oxydants. La réaction réussit parfaitement avec le peroxyde de baryum, le perchlorure de fer et surtout le chromate de potassium. En chauffant avec précaution la solution incolore du chlorure avec un de ces agents, le liquide prend rapidement la belle couleur cramoisie des sels de rosaniline. Cependant il faut éviter un excès de l'agent oxydant pour que l'action n'aille pas trop loin, auquel cas la rosaniline régénérée serait transformée en produits d'une oxydation ultérieure. La rosaniline, aussi bien que la leucaniline, étant soumises à une ébullition prolongée, avec des composés riches en oxygène, se change en une poudre brune amorphe dont j'ignore encore la composition.

Les deux bases que j'ai décrites dans les pages précédentes sont les prototypes de deux séries de matières colorantes homologues qu'on ne peut manquer d'obtenir avec les homologues de l'aniline. La toluidine produit en effet des bases parfaitement semblables. Je n'ai pas examiné dans la présente note la nature de la réaction qui transforme l'aniline en rosaniline. Dans la plupart des procédés, la formation de cette substance est accompagnée de celle de plusieurs autres bases, dont l'étude n'est pas encore achevée. Jusqu'à présent je ne suis pas non plus en mesure d'émettre une opinion sur la constitution des nouveaux composés, quelque attrayant qu'il soit de s'engager dans la spéculation. C'est dans l'espoir de rendre les formules des nouvelles bases plus transparentes que j'examine en ce moment les produits de leur décomposition. Cette étude n'est pas encore complète ; mais dès à présent je puis annoncer que la rosaniline et la leucaniline en solution nitrique sont toutes deux attaquées d'une manière très-énergique par l'acide nitreux, en produisant de nouvelles bases dont les composés platiniques se distinguent par leurs propriétés fulminantes, lesquelles se manifestent au contact de l'eau bouillante et même de l'ammoniaque à la température ordinaire. Au nombre des dérivés de la rosaniline, je dois aussi mentionner une magnifique base cristalline qui se trouve associée à l'aniline parmi les produits de la distillation sèche de la matière colorante.

Je me propose de poursuivre cette étude et d'en présenter les résultats à l'Académie dans une communication ultérieure. »

Le beau mémoire de M. Hofmann est sans contredit le fait le plus important dans l'histoire des matières colorantes rouges dérivées de l'aniline. Il est remarquable non-seulement par la clarté et la précision qui distinguent tous les travaux de cet éminent chimiste, mais encore parce qu'il fait pour ainsi dire table rase de toutes les recherches théoriques qui ont précédé son travail.

Mais, en faisant cet aveu, en constatant que tous les points traités par M. Hofmann sont désormais acquis à la science sans aucune contestation possible, nous croyons cependant devoir faire observer qu'il existe encore bien des faces de la question qui n'ont point encore été abordées, et que ce n'est qu'un coin du voile qui recouvre encore les composés colorés de l'aniline qui a été soulevé.

Le sujet est des plus difficiles, et M. Hofmann le déclare lui-même en disant que, malgré de nombreux essais, il n'avait pas réussi à prélever du rouge brut la matière colorante carminée dans un état de pureté suffisante pour pouvoir la soumettre à l'analyse.

Son travail est basé sur des composés déjà purifiés qui lui ont été fournis par l'industrie, ayant été préparés par M. Nicholson, l'ancien élève de M. Hofmann, auquel celui-ci rend un juste tribut d'éloges pour avoir été le premier à obtenir la matière colorante rouge de l'aniline et ses composés salins à l'état de pureté.

Le mémoire de M. Hofmann ne donne pas la description du procédé employé par M. Nicholson pour l'obtention de ses beaux produits ; c'est une lacune dont nous pouvons parfaitement comprendre la raison, mais que nous n'en regrettons pas moins dans l'intérêt de l'industrie.

M. Nicholson ayant pris, le 25 janvier 1860, une *provisional protection* pour la préparation du rouge d'aniline par l'acide arsénique, il est extrêmement probable que ces produits colorés ont été préparés par ce procédé.

Le mémoire de M. Hofmann se rapporte donc principalement aux dérivés colorés rouges de l'aniline par l'acide arsénique, et il resterait à constater expérimentalement que la rosaniline forme également la matière colorante essentielle des rouges d'aniline obtenus par le bichlorure d'étain, par l'acide nitrique et par le nitrate de mercure.

Nous pensons qu'il en est réellement ainsi et que la matière colorante rose carminée sera trouvée identique, quel que soit le mode de préparation, et ne sera autre chose que la rosaniline.

Les raisons à l'appui de cette opinion sont les suivantes :

M. Hofmann a montré que la rosaniline est ou incolore, ou rose, ou rouge, mais sans reflet vert cantharide, qui n'appartient qu'à ses sels ; une solution bouillante d'acétate de rosaniline, décomposée par un grand excès d'ammoniaque fournit un précipité cristallin d'une couleur rougeâtre qui constitue la base à un assez grand état de pureté, et les eaux-mères sont à peu près incolores. Eh bien, toutes les matières colorantes un peu purifiées, fuchsine, azaléine, rouge de Lauth et Depouilly, se comportent d'une manière semblable. Il paraît maintenant certain qu'avant M. Hofmann on n'avait toujours analysé que des sels, tandis qu'on croyait opérer sur la base colorée isolée ; les résultats analytiques ont donc dû être inexacts, puisqu'en analysant la fuchsine, on a négligé le chlore, quoiqu'on eût opéré sur un chlorure ; en analysant l'azaléine et le rouge de Lauth et Depouilly, MM. Schneider, Jaquemin et nous-même nous avons négligé l'acide nitrique, et dans quelques cas également le chlore (comme nous allons le démontrer tout à l'heure), et de là d'un côté la diversité des nombres obtenus et de l'autre la formule inexacte à laquelle nous sommes arrivés.

En effet, en se reportant à la description des propriétés des substances analysées, on trouve partout mentionné l'éclat vert cantharide.

On avait donc attribué à tort à la matière colorante rouge des propriétés analogues à celles de la carthamine.

Cette dernière est rose-rouge à l'état hydraté et prend, par la dessiccation, des reflets verts cantharide. En présence d'alcalis, elle devient incolore et donne des solutions incolores en formant des carthamates alcalins. L'addition d'un acide, remettant la carthamine ou l'acide carthamique en liberté, restitue la couleur rose et permet à la matière colorante de se fixer sur les tissus.

En raisonnant par analogie, on avait cru qu'en ajoutant un alcali à la fuchsine, à l'azaléine, etc., la décoloration était également due à une combinaison de ces matières colorantes avec l'alcali, et que la réapparition de la couleur, par l'intervention d'un acide, provenait de ce que la combinaison alcaline était décomposée et que la matière colorante était remise en liberté avec toutes ses propriétés tinctoriales.

Ce qui semblait confirmer cette manière de voir, c'est que, lorsque l'alcali employé était l'ammoniaque, la solution incolore déposée sur un tissu donnait peu à peu de belles taches roses, à mesure que l'ammoniaque s'évaporait.

M. Hofmann nous a appris qu'il n'en était pas ainsi ; que la décoloration produite par l'action d'un alcali sur le rouge d'aniline, provenait de ce que le rouge était une combinaison saline colorée, dont la base, mise en liberté, était incolore ; que cette base incolore, la rosaniline, possédait la propriété remarquable de pouvoir passer de l'état incolore à l'état rose ou même rouge, sans changer de composition, mais sans que même dans sa modification colorée, son pouvoir tinctorial pût être comparé, quant à l'intensité, à la richesse et à l'éclat de la couleur, aux combinaisons salines ; et que la riche coloration restaurée par l'addition d'acide acétique, ou même d'un acide minéral puissant, mais dont il fallait éviter très-soigneusement d'ajouter un excès sensible, était due à la reconstitution des sels de rosaniline, dont les solutions dans l'eau et l'alcool possèdent la magnifique couleur cramoisie qui a fait la renommée de cette matière.

La propriété de la rosaniline blanche, lorsqu'elle est exposée à l'air atmosphérique, de devenir rapidement rose et de finir par prendre une teinte rouge foncé, nous paraît mériter un examen plus approfondi. De prime-abord, on pourrait penser que ce phénomène de coloration dépend de l'absorption d'acide carbonique et de la formation d'un carbonate de rosaniline, présentant les propriétés colorantes des sels de rosaniline en général.

Mais cette explication ne paraît guère admissible en présence de l'observation de M. Hofmann, que, pendant ce changement de couleur, on n'observe pas de variation de poids sensible.

Elle n'est non plus compatible avec l'expérience suivante, que nous avons répétée plusieurs fois, dans le but de constater la composition réelle de la fuchsine, de l'azaléine, du rouge de Lauth et Depoully, et du rouge d'aniline par l'acide arsénique.

En dissolvant quelques décigrammes de ces rouges dans de l'eau chaude acidulée par quelques gouttes d'acide hydrochlorique et ajoutant à la solution peu à peu du lait de chaux, en léger excès, on observe la formation d'un précipité rouge vermillon.

En faisant bouillir le tout, le précipité pâlit, devient rose et, finalement, presque incolore. Généralement, la liqueur devient également incolore; cependant dans deux expériences, sans que nous puissions en assigner la cause, la liqueur, quoique franchement alcaline, conservait une teinte rosée.

Le précipité incolore de rosaniline obtenu dans ces circonstances, contenant un léger excès d'hydrate de chaux, nous pensions l'en débarrasser en ajoutant à la liqueur bouillante une certaine quantité d'hydrochlorate ammonique, qui devait former du chlorure de calcium soluble et de l'ammoniaque, que l'ébullition allait chasser.

Eh bien ! on avait à peine ajouté quelques gouttes d'hydrochlorate ammonique, que ce précipité, malgré l'ébullition, prenait instantanément une teinte d'un rouge rosé très-vif, et conservait cette coloration même en filtrant et lavant.

En chauffant les divers rouges d'aniline avec des solutions de potasse et de soude caustique, le liquide devient presque toujours incolore ou jaune brunâtre pâle; mais le précipité est rarement d'un beau blanc, le blanc étant presque toujours grisâtre ou même d'une nuance terreuse.

Nous avons fait bouillir le rouge pur de Lauth et Depoully avec un léger excès de lait de chaux, pour constater si le liquide filtré renfermait du nitrate de chaux. Ce liquide était tout à fait incolore.

En l'évaporant au bain-marie, les parois et la capsule ne tardèrent pas à se recouvrir de cercles roses rougeâtres, tandis qu'il se précipitait des flocons jaunâtres; en même temps le liquide, à mesure qu'il se concentrait, prenait une teinte bleue de plus en plus prononcée, qui, finalement, ressemblait à celle d'un sel de cuivre ammoniacal : l'addition d'acide acétique y déterminait une riche coloration rouge. La teinte bleue ne s'est cependant pas présentée d'une manière constante, ce qui démontre déjà que, suivant le mode de préparation employé, la matière colorante purifiée retirée du rouge brut par l'acide nitrique, n'était pas identiquement la même, ce qui résultait d'ailleurs des chiffres obtenus dans nos analyses, et que nous avons relatés dans notre mémoire.

Mais, en examinant le sel de chaux formant le résidu de l'évaporation, nous avons été très-surpris d'y reconnaître, dans plusieurs cas, un chlorure au lieu d'un nitrate, ou un mélange de nitrate et de chlorure.

En nous reportant au procédé de préparation employé pour obtenir le rouge purifié, qui présentait cette particularité en apparence anormale, nous avons reconnu qu'elle se rapportait aux rouges qui avaient été précipités de la solution aqueuse bouillante au moyen de sel marin, ou qui avaient été dissous dans l'acide chlorhydrique, et précipités par saturation au moyen de carbonate de soude.

L'explication devient maintenant facile. On ne peut douter que, dans ces conditions, le nitrate de rosaniline n'ait subi, par le chlorure sodique une double décomposition, en vertu de laquelle il s'était formé du chlorure de rosaniline, qui, peu soluble dans les solutions salines, s'était précipité, et du nitrate de soude qui était resté en dissolution.

Il est très-probable que c'est à un sel de rosaniline qu'il faut rapporter les octaèdres, que nous avions observés dans le rouge purifié, préparé par l'action de l'acide nitrique sur l'aniline.

Il nous paraît aussi extrêmement présumable que, dans toutes les circonstances où l'on croyait avoir affaire à de la fuchsine proprement dite, on opérait en réalité sur du chlorure de rosaniline.

Les phénomènes observés par M. Bolley s'expliquent aussi maintenant avec la plus grande facilité.

La fuchsine précipitée par le sel marin avait donné à l'analyse 16 pour 100 de chlore, et ne contenait pas d'oxygène.

La fuchsine précipitée par le salpêtre ne renfermait plus que 7 pour 100 de chlore, et contenait 10,7 pour 100 d'oxygène.

Enfin, de la fuchsine ayant été dissoute dans de l'eau acidulée par l'acide sulfurique, la solution chauffée au bain-marie pendant plusieurs heures et précipitée finalement par du salpêtre pur, ne renfermait plus de chlore.

Dans le premier cas, le précipité était principalement du chlorure de rosaniline.

Dans le second, il renfermait un mélange de nitrate et de chlorure de rosaniline.

Dans le troisième, l'acide sulfurique avait chassé l'acide chlorhydrique, et le précipité renfermait probablement un mélange de sulfate et de nitrate de rosaniline. En outre, si, préalablement, le rouge brut avait été saturé par un alcali, le précipité pouvait encore renfermer une certaine proportion de rosaniline libre.

Nous croyons nécessaire d'entrer dans ces détails, parce que, lorsqu'une erreur a été signalée et redressée, il est du devoir du chimiste qui, tout en opérant consciencieusement, a commis l'erreur, d'en rechercher les causes et de déterminer les circonstances qui ont pu l'induire en erreur.

C'est cette tâche dont nous cherchons à nous acquitter en ce moment.

Il nous paraît donc extrêmement probable que nous avions analysé, soit du nitrate de rosaniline encore impur, soit un mélange de nitrate et de chlorure, soit un mélange de nitrate et de base libre.

En effet, nous avions trouvé, pour le rouge purifié de Lauth et Depouilly, des différentes préparations :

Pour le carbone....   67.55—68.00—67.47—66.69—67.13—67.00—70.00 et 70.06 %
Pour l'hydrogène...   6.25— 6.36— 6.28— 6.34— 6.52— 6.31— 5.64   5.02 %
Pour l'azote........   17.15 et 17.34 %

Or, la rosaniline et ses sels renferment :

		EN 100 PARTIES		
		Carbone.	Hydrogène.	Azote.
La rosaniline hydratée......	$C^{40}H^{21}N^3O^3$......	75.23	6.58	13.16
Le nitrate de rosaniline.....	$C^{40}H^{20}N^4O^6$......	65·03	5.49	15.38
Le chlorure de rosaniline...	$C^{40}H^{20}N^3C^3$......	71.11	5.92	12.44

Les nombres variables que nous avions obtenus en cherchant à déterminer la composition de l'hydrochlorate et du chloroplatinate de rouge pur dérivé du rouge d'aniline par l'acide nitrique, s'expliquent parfaitement par l'observation de M. Hofmann, que la rosaniline était une triamine (conclusion à laquelle nous étions également arrivé), et qu'elle peut se combiner avec 1, 2 et même 3 équivalents d'acide chlorhydrique et de bichlorure de platine.

Nous citerons, à cette occasion, une observation assez curieuse .

L'hydrochlorate de rouge pur, qui avait servi à nos expériences, avait été détaché en partie de la capsule en platine et conservé à l'état sec.

La partie trop fortement adhérente à la capsule avait été dissoute dans de l'eau distillée bouillante, et la solution limpide et d'un magnifique rouge carminé avait été versée dans un flacon bouché à l'émeri.

En recherchant ces produits après un espace de temps d'une année, pendant lequel ils n'avaient pas été touchés, l'hydrochlorate solide avait conservé son éclat brillant vert cantharide et était resté soluble dans l'eau.

Mais, dans le flacon renfermant la solution, tout le sel qui avait été en dissolution s'était précipité, le liquide surnageant était tout à fait incolore et sans réaction acide sensible. Le précipité était rouge violacé ; filtré, desséché et dissous dans l'acide acétique, il a donné une solution beaucoup plus violacée que ne l'était la solution aqueuse de l'hydrochlorate solide récemment dissous dans l'eau chaude.

Évidemment, cette réaction ne ressemble pas à celle que présentent les solutions aqueuses des sels de rosaniline, lorsqu'on en précipite le sel coloré en dissolvant dans la solution un sel alcalin neutre, tel que les chlorures sodique, potassique ou ammonique, le nitrate sodique, etc.

Dans notre Mémoire sur le rouge d'aniline par l'acide nitrique, nous avions déjà indiqué que les rouges bruts doivent renfermer au moins deux matières colorantes rouges.

Des expériences ultérieures n'ont fait que confirmer cette opinion.

Lorsqu'on épuise le rouge brut par de l'eau chaude, on dissout peu à peu toute la matière colorante rouge cramoisi. Tant que les solutions sont encore colorées, la teinte rouge vire toujours au rose. Finalement, l'eau ne dissout plus que des traces de matière colorante.

Si alors on traite le résidu par de l'eau bouillante acidulée d'acide chlorhydrique (ou d'acide acétique, mais, dans ce cas, il se dissout aussi de la résine), les solutions deviennent de nouveau très-colorées, mais la teinte est rouge-violacée brunâtre.

En neutralisant les solutions par de l'ammoniaque ou du carbonate de soude, la matière colorante se précipite.

On la redissout de même dans l'acide chlorhydrique faible, et on la précipite à plusieurs reprises.

Finalement, on la dissout dans l'alcool, on filtre et on évapore la solution alcoolique à sec.

On obtient ainsi une matière colorante à reflets métalliques verts dorés noirâtres, à peu près insoluble dans l'eau, soluble dans les acides et l'alcool, en donnant une solution rouge de sang.

Dans cet état, elle renferme encore de l'acide chlorhydrique, et constitue, par conséquent, un chlorure ou sous-chlorure.

Pour isoler la base, on dissout la matière colorante dans un peu d'acide chlorhydrique faible, et on fait tomber la solution dans un lait de chaux faible et bouillant.

On obtient alors un précipité gris verdâtre, qui, filtré, lavé et séché à l'air, prend une teinte légèrement violacée.

En en dissolvant une petite quantité dans l'acide acétique, on reproduit la solution rouge de sang, dont la teinte est bien différente de celle de la solution acétique de rosaniline, et qui teint la laine et la soie en rouge brunâtre.

Nous avons retrouvé cette matière rouge, aussi bien dans le rouge brut résultant de l'action de l'acide nitrique sur l'aniline, que dans les fuchsines et azaléines brutes et dans le rouge par l'acide arsénique.

Il est possible que cette matière colorante rouge de sang ne soit pas un corps tout à fait pur, et les expériences de M. Jacquelain permettent de supposer qu'on peut parvenir à la dédoubler en rouge plus rose et en rouge violet.

Maintenant, le Mémoire si intéressant et si important de M. Hofmann suffit-il pour résoudre entièrement la question des rouges d'aniline ?

Nous ne le pensons pas, tout en avouant que le point principal, l'identité de la matière colorante rouge-rose, ne puisse plus paraître douteux.

Il faudrait pour cela : démontrer que dans les rouges obtenus, par les divers procédés, la rosaniline est la matière colorante de beaucoup la plus abondante, et la seule qui joue un rôle important dans la teinture;

Décrire et étudier les propriétés du nitrate de rosaniline, dont le Mémoire ne parle pas;

Démontrer que, dans l'action de l'acide nitrique sur l'aniline, il ne se forme pas de rosaniline nitrée, dont la formule serait $C^{40}H^{14}N^4O^4$, et la composition :

$$
\begin{array}{lr}
\text{Carbone} & 69.36 \\
\text{Hydrogène} & 5.20 \\
\text{Azote} & 16.18 \\
\text{Oxygène} & 9.26 \\
\hline
& 100.00
\end{array}
$$

nombres qui ne sont pas extrêmement différents de ceux que nous avions obtenus, et surtout de ceux obtenus par M. Schneider, de Mulhouse.

Un fait, qui permet de supposer que la rosaniline est réellement le point de départ des matières colorantes rouges, même à teintes différentes, c'est la facilité avec laquelle elle vire au violet et même au bleu, sous l'influence de l'esprit de bois, des aldéhydes, en présence de petites quantités d'acides libres.

Ce qui nous autorise encore à dire que la question des rouges d'aniline, quoique ayant fait un très-grand pas en avant, n'est pas encore définitivement éclaircie, c'est le mémoire récent de M. Jacquelain, *sur les matières colorantes et colorées, extraites à l'état de pureté des produits commerciaux de l'aniline.* (*Comptes-rendus de l'Académie des sciences,* tome LIV, 17 mars 1862, p. 412.)

M. Jacquelain a trouvé que l'aniline, traitée par les acides nitrique, arsénique, sulfurique, par les chlorures de carbone et d'étain, et par le nitrate mercurique, donne lieu à la formation de trois composés, savoir :

Une matière rouge, une matière violette, une matière résinoïde, d'une teinte sépia, c'est-à-dire comparable à celle du deutoxyde hydraté de manganèse.

De plus, à des sels d'aniline formés aux dépens des acides et même à des bases appartenant aux agents employés, sans préjudice de la coexistence des bases incolores de M. Hofmann.

Il a retiré du rouge brut par l'acide arsénique, un rouge et un violet cristallisés.

Du rouge brut par l'acide nitrique, un rouge et un violet cristallisés.

De l'azaléine brute (rouge par le nitrate de mercure), un rouge non cristallisé et un violet cristallin.

De la fuchsine brute (rouge par le bichlorure d'étain), un rouge cristallisé et un violet cristallin.

À + 10°, tous les rouges sont très-faiblement solubles dans l'eau.

À + 10°, tous les violets sont pour ainsi dire insolubles dans l'eau et légèrement solubles dans l'alcool à 90° alcoométriques.

Toutes les solutions aqueuses et alcooliques des rouges présentent la teinte rouge groseille ; mais l'eau bouillante dissout beaucoup plus de chacun des rouges.

L'acide sulfurique concentré versé dans la solution aqueuse saturée des rouges, produit une teinte jaune terne foncée, avec destruction partielle de la matière colorante, excepté pour la fuchsine, qui passe au violet sale par ce réactif.

Les acides chlorhydrique et nitrique donnent également une solution d'un jaune terne, avec altération d'une partie des matières.

Cependant, l'acide nitrique paraît avoir une action moins destructive sur les rouges que les acides chlorhydrique et sulfurique.

L'analyse seule peut décider la question d'identité, d'analogie ou de dissemblance entre les produits purifiés présentés par M. Jaquelain. Ce chimiste est d'avis que les différents rouges bruts du commerce sont des mélanges en proportion variable de matières rouges, violettes et sépia, et d'autres composés accidentels.

Il pense, en outre, que les caractères physiques et chimiques, ainsi que la solubilité de ces matières, paraissent de nature assez tranchée pour permettre de considérer tous ces composés défiuis comme distincts, bien que présentant une certaine analogie comme matières tinctoriales, à cause surtout de la même substance, l'aniline, qui a servi à les obtenir.

Nous pensons que pour décider les questions d'identité et de non-identité des divers rouges purs obtenus par M. Jaquelain, il faudra les soumettre à l'action des alcalins caustiques (les dissoudre, par exemple, dans l'acide acétique, et verser la solution dans de l'ammoniaque aqueuse bouillante) pour déterminer de suite si l'on a affaire à des sels ou à des bases isolées.

On comprend facilement qu'on puisse considérer un chlorure d'une base organique comme une base chlorée, un nitrate comme une base nitrée, lorsqu'on ignorait qu'on avait affaire à des sels, et qu'on considérait ces derniers comme des bases déjà isolées; mais depuis la publication du Mémoire de M. Hofmann, il est évident qu'il faudra soumettre tous les rouges retirés des produits commerciaux, qu'ils soient cristallisés ou non cristallisés, au même traitement par lequel M. Hofmann a réussi à isoler la rosaniline.

DÉRIVÉS NITRÉS DU PHÉNOL.

Ces produits peuvent être rangés parmi les plus intéressants de la chimie organique, non-seulement parce qu'ils sont généralement des corps très-beaux et jouissant de propriétés physiques remarquables, mais encore parce qu'ils présentent des réactions extrêmement curieuses et accompagnées de phénomènes de coloration dont l'industrie a déjà tiré parti dans plusieurs cas.

Le phénol est attaqué très-vivement par l'acide nitrique, et passe successivement à l'état d'acides mononitrophénique, binitrophénique et trinitrophénique.

Ce dernier, qui est le produit final et le plus stable, n'est autre chose que l'acide picrique.

1° Acide mononitrophénique, nitrophénol, acide nitrophénique.

Le nitrophénol, $C^{12} H^4 (NO^4) O^2$, s'obtient soit par l'action ménagée de l'acide nitrique sur le phénol, soit par celle d'un mélange d'acide nitrique et d'acide arsénieux sur l'aniline, soit en faisant passer du bioxyde d'azote dans l'aniline dissoute dans l'acide nitrique concentré. [Hoffmann, *Ann. de Chim. et Pharm.* LXXV. — CIII, p. 358.]

On l'obtient encore en faisant bouillir de l'aniline avec de l'acide nitrique faible; mais le meilleur procédé de préparation, quoiqu'il ne fournisse le nitrophénol qu'en petite quantité, consiste à distiller du phénol suffisamment étendu d'eau, pour former un liquide homogène, avec de l'acide nitrique ordinaire; le mélange brunit tout à coup, il s'en sépare une matière résineuse, et avec les vapeurs d'eau distillent des gouttes jaunes de nitrophénol, qui se concrètent bientôt en masses cristallines.

Le nitrophénol cristallise en prismes de 132° 49' et 47° 11'; à arêtes tronquées [Kokscharow, Pétersbourg, *Acad. Bull.* XVII, p. 273]; son odeur est aromatique; il fond à 42° en un liquide huileux, qui ne se solidifie plus qu'à 26° et bout à 216°.

Il est peu soluble dans l'eau, facilement soluble dans l'alcool et l'éther, et ses solutions présentent une réaction acide.

Ses combinaisons avec la potasse, la soude et l'ammoniaque sont facilement solubles dans l'eau et possèdent une magnifique coloration rouge écarlate.

M. Fritzsche [*Journ. f. pract. Chem.*, XVI, 508. — LXXIII 293] a étudié les sels du nitrophénol, dont il avait déjà observé la formation par l'action de l'acide nitrique sur l'indigo. Pour préparer le nitrophénol ou acide nitrophénique au moyen du phénol, il conseille les proportions suivantes :

2 phénol, 100 eau bouillante, 3 acide nitrique fumant de 1.51 p. sp.

Pendant la distillation du mélange, la matière résineuse occasionne facilement des soubresauts de la cornue.

Nitrophénate potassique.   Cristaux oranges, $C^{12} H^4 (NO^4) KO^2 + HO$.
—   sodique.   —   écarlates.

Nitrophénate ammonique.   Cristaux lamelleux oranges.
   —   barytique.   —   écarlates anhydres.
   —   strontique.   —   oranges, avec 8 HO de cristallisation.
   —   calcique.   —   oranges, avec 4 HO ou bien 1 HO de cristallisation.
   —   magnésique.   —   aiguilles rouges.

Généralement, les cristaux oranges hydratés deviennent rouges en les rendant anhydres.

Les nitrophénates alcalins précipitent les sels plombiques et mercuriques en orange, le nitrate argentique en orange et en rouge foncé.

Le nitrophénol, traité par le sulfhydrate ammonique, se réduit, d'après Hofmann, en amidophénol $C^{12} H^7 NO^4 = C^{12} H^5 (NH^4)O^2$, soluble dans l'eau, l'alcool et l'éther, et cristallisable en aiguilles blanches, qui noircissent à l'air.

M. Fritzsche a observé [Pétersb. *Acad. Bull.* XVII, p. 145] qu'en préparant le nitrophénol, il reste dans sa cornue, en solution dans le liquide, un composé isomère, l'*isonitrophénol* ou acide *isonitrophénique*, $C^{12} H^5 NO^6$, qu'on isole en sursaturant par de la soude caustique concentrée la liqueur filtrée bouillante, faisant recristalliser dans un peu d'eau chaude le précipité cristallin jaune d'isonitrophénate sodique, et décomposant la solution saturée de ce sel à 40° cent. par de l'acide chlorhydrique; l'isonitrophénol cristallise en aiguilles fines incolores ou jaunes un peu orangées.

Les sels neutres alcalins ou terreux hydratés, sont jaunes ou jaunes-bruns, les sels anhydres rouge brique.

Leurs solutions précipitent les sels plombiques en orange, le nitrate d'argent en jaune, rouge ou écarlate, suivant la température, la concentration et la proportion des sels réagissant l'un sur l'autre.

Acide bichloro-nitrophénique. $C^{12} H^3 Cl^2 (NO^4) O^4$.

En traitant le phénol, ou l'huile de houille distillant entre 160 et 190° d'abord par le chlore, puis par l'acide nitrique, on obtient le nitrophénol bichloré; c'est un acide jaune, cristallisable en prismes, soluble dans l'eau, qui forme avec les alcalis de beaux sels ressemblant aux picrates.

Le sel potassique cristallise en lamelles éclatantes, qui réfléchissent deux nuances différentes; dans un sens, elles sont cramoisies, dans l'autre jaune pur. [Laurent et Delbos, 1845. *Ann. de Phys. et de Chim.* (3) XIX, p. 380.]

2° Acide dinitrophénique. — Acide nitrophénisique, $C^{12} H^4 N^2 O^{10} = C^{12} H^4 (NO^4)^2 O^2$.

Cet acide, parfaitement étudié par Laurent [*Revue scient.* IX, p. 124], s'obtient en traitant le phénol ou l'huile de houille distillant entre 160 et 190° par l'acide nitrique ordinaire [12 d'acide pour 10 d'huile]. On ajoute l'acide peu à peu. La réaction est des plus vives; la masse se boursoufle extraordinairement, puis s'affaisse, et l'opération peut s'achever sans le secours de la chaleur extérieure.

On lave la masse brune avec un peu d'eau froide. On la traite ensuite par de l'ammoniaque étendue d'eau bouillante. On porte le tout à l'ébullition et on filtre rapidement. La solution ammoniacale très-brune laisse déposer une matière brune. Après 24 heures, on décante, on redissout le dépôt brun dans de l'eau bouillante, on filtre et on laisse cristalliser. On répète ces cristallisations quatre à cinq fois, et on obtient enfin du binitrophénate ammonique pur, dont la solution bouillante, décomposée par l'acide nitrique, laisse déposer par refroidissement des cristaux jaunes d'acide binitrophénique.

D'après M. Griess [*Ann. Chim. Pharm.* CXIII, p. 201, 1859], on obtient également l'acide binitrophénique en dissolvant l'acide picramique dans de l'alcool saturé d'acide nitreux, tant qu'il y a dégagement de gaz, distillant l'alcool et ajoutant de l'eau, qui détermine une abondante cristallisation d'acide binitrophénique; ou bien en faisant réagir du carbonate de potasse sur une solution alcoolique de diazodinitrophénol.

$$C^{12} H^4 N^4 O^{10} + HO = C^{12} H^4 N^4 O^{10} + 2N + 2O \text{ (employé à oxyder l'alcool).}$$
Diazodinitrophénol.   Acide binitrophénique.

L'acide binitrophénique cristallise en prismes rhombiques, d'une saveur amère, fusibles à 104°, volatils, mais qui, chauffés brusquement, détonnent légèrement.

Il est presque insoluble dans l'eau froide, plus soluble dans l'eau bouillante, facilement soluble dans l'éther et l'alcool. Il colore la peau, la laine et la soie en jaune. L'acide nitrique le transforme en acide picrique.

En présence de l'hydrogène naissant, par exemple par zinc et acide sulfurique, l'acide binitrophénique se dissout et la liqueur devient rose.

Avec sulfate ferreux et baryte, il se forme un sel rouge.

L'acide binitrophénique, chauffé avec une solution aqueuse de sulfhydrate ammonique, donne une liqueur presque noire, qui dépose, par le refroidissement, des aiguilles d'acide binitrophénamique brun noir, donnant, avec les alcalis, des sels rouge foncé ou rouge brunâtre.

$$2. \ C^{12} H^4 (NO^4)^2 O^4 + 12 HS = C^{24} H^{12} (NO^4)^2 N^2 O^4 + 8HO + 12 S.$$
Acide binitrophénique.   Acide binitro-diphénamique.

Les binitrophénates sont de très-beaux sels jaunes ou orangés, teignant fortement les tissus en jaune; la plupart sont cristallisables et détonnent légèrement lorsqu'on les chauffe brusquement et fortement.

Le sel de baryte $C^{12} H^4 Ba (NO^4)^2 O^2 + 5$ aq. cristallise en gros prismes obliques, d'une couleur semblable au bichromate de potasse.

Le sel de plomb est un précipité jaune d'une belle nuance; il détonne assez fortement.

Le sel d'argent est un précipité jaune briqueté.

Par l'action du brome sur l'acide binitrophénique on obtient l'acide bromobinitrophénique, $C^{12} H^3 Br (NO^4)^2 O^2$ [Laurent, *Revue scientif.* VI, 65, IX, 27], jaune, cristallisable, qui forme des sels généralement solubles, jaunes, orangés ou rouges, ressemblant beaucoup aux picrates.

3° Acide trinitrophénique, acide nitrophénisique, acide picrique.

L'acide picrique $C^{12} H^3 N^6 O^{14} = C^{12} H^3 (NO^4)^3 O^2$, identique avec l'acide picranisique de M. Cahours et avec l'acide chrysolépique, a été étudié par un grand nombre de chimistes. [Voyez Gerhardt, *Chimie organique*, vol. III, p. 88.]

Le grand nombre de circonstances dans lesquelles ce composé prend naissance, ses propriétés remarquables, les qualités explosives et détonnantes de ses sels, les réactions curieuses qu'il produit avec beaucoup de corps, son pouvoir colorant intense devaient nécessairement attirer sur lui l'attention des expérimentateurs.

L'acide picrique se produit par l'action de l'acide nitrique sur le phénol et un certain nombre de ses composés nitrés ou chlorés, sur la salicine, la saligénine, les acides salicyleux et salicylique, l'indigo, la coumarine, l'aloès, la phloridzine, la soie, les résines du benjoin, du styrax, du baume du Pérou, du xanthorrhea hastilis, etc.

Les procédés les plus économiques reposent sur l'emploi du phénol impur et de la résine de xanthorrhea hastilis ou gomme d'Australie.

M. Carey Lea, qui a fait une étude approfondie de l'acide picrique et de ses sels, conseille d'opérer, avec cette dernière matière, de la manière suivante. [*Sillim. Americ. Journ.* (2) XXVI, p. 279]. (*Répert. de Chim. prat.* I, p. 227).

Dans un vase d'une capacité de deux ou trois litres, on introduit 150 gr. de gomme d'Australie en morceaux, que l'on recouvre avec 360 gr. d'acide nitrique de 1,42 p. sp. Aussitôt que la réaction commence, on ajoute immédiatement 750 cent. cubes d'eau chaude, préparés d'avance. On chauffe légèrement pendant deux heures environ ; la masse se boursoufle beaucoup, et si elle veut déborder, on l'oblige de s'affaisser par l'addition d'une très-petite quantité d'eau froide; mais il est préférable de bien régler le feu, pour pouvoir se passer de l'emploi de l'eau froide.

On continue de chauffer jusqu'à ce que le volume soit réduit de moitié. On ajoute alors 150 gr. d'acide nitrique, et l'on continue de chauffer jusqu'à ce que le liquide soit ramené au volume qu'il occupait avant cette addition. Il faut encore 120 à 200 gr. d'acide pour compléter l'opération.

Après cette dernière addition, on chauffe jusqu'à ce que le volume ne soit plus que de 120 à 150 cent. cubes. Après refroidissement, on trouve une masse d'acide picrique plus ou moins solide, suivant le point auquel on a conduit la dernière concentration. M. Carey Lea purifie l'acide picrique ainsi préparé en le lavant d'abord à deux reprises à l'eau froide, le dissolvant ensuite dans de l'eau bouillante, ajoutant 8 à 10 gouttes d'acide sulfurique par demi-litre de cette solution, faisant bouillir, filtrant, saturant par le bicarbonate de potasse, purifiant par deux cristallisations le picrate de potasse ainsi obtenu et décomposant ce sel par l'acide chlorhydrique ou l'acide nitrique.

Avec le phénol ou l'huile de goudron distillant entre 160 et 190°, on opère d'une manière analogue. Au lieu de transformer l'acide picrique impur en picrate de potasse, on peut également se servir du picrate ammonique pour en opérer la purification.

D'après M. Girard, on peut d'un seul coup purifier l'acide picrique en pâte du commerce (préparé généralement avec l'huile de goudron), en le saturant par la potasse caustique, laissant refroidir et pressant dans une chausse en feutre la masse de picrate de potasse ainsi obtenue ; les matières résineuses filtrent à travers le tissu, et il reste dans la chausse une sorte de galette de picrate de potasse presque sec, qui, traité par l'acide sulfurique étendu, donne du premier coup de l'acide picrique très-pur et en très-beaux cristaux.

Ce procédé de purification, en passant par le picrate de potasse, excellent, à cause du peu de solubilité de ce sel, lorsqu'on opère en petit, ne laisse pas que d'être très-embarrassant lorsqu'on opère en grand, puisqu'il est presque impossible de filtrer les liqueurs concentrées et bouillantes, même dans un entonnoir à double paroi et chauffé à l'eau bouillante, sans que les filtres ne soient rapidement obstrués par une abondante cristallisation de picrate potassique. Le picrate de chaux étant assez soluble, on a proposé de s'en servir pour le même but ; mais, d'après M. Carey Lea [*Sillim. Amer. Journ.* T. XXII, p. 180], ce moyen n'est nullement pratique. En faisant bouillir l'acide picrique impur avec un lait de chaux, il se forme un sel basique presque insoluble et on éprouve de grandes pertes.

Il nous semble qu'il serait facile de remédier à cet inconvénient en évitant l'emploi d'un excès de chaux ou en faisant bouillir le résidu calcaire avec une nouvelle portion d'acide picrique brut.

L'inconvénient réel du picrate de chaux, d'après nous, c'est qu'il empêche de précipiter l'acide picrique par l'acide sulfurique, acide qui est préférable à tous les autres, d'abord parce que l'acide picrique, précipité par lui, est plus pur et de meilleure apparence, et ensuite à cause de son insolubilité presque complète dans de l'acide sulfurique étendu de 11 à 17 fois son volume d'eau.

M. Carey Lea propose le procédé suivant de purification :

On sature l'acide picrique brut par du carbonate de soude, en évitant d'en employer un excès, qui tend à redissoudre les matières résineuses.

La solution bouillante est facile à filtrer. Lorsqu'elle est un peu refroidie, on y ajoute quelques cristaux de carbonate de soude.

Le picrate sodique cristallise alors en abondance et presque aussi abondamment que l'aurait fait le sel de potasse, à cause de la propriété des picrates alcalins d'être presque insolubles dans une liqueur alcaline.

Des eaux-mères on peut encore retirer une petite quantité de picrate potassique en y ajoutant un peu de carbonate, chlorure ou nitrate de potasse.

Pour la décomposition du picrate sodique, on fait usage d'acide sulfurique, dont on ajoute un certain excès, non-seulement pour être certain de la décomposition complète du picrate alcalin, mais encore pour augmenter l'insolubilité de l'acide picrique dans la liqueur.

Si l'on veut avoir un acide picrique aussi pur que possible, il est bon de le faire cristalliser dans l'alcool.

Propriétés de l'acide picrique.

L'acide picrique cristallise ordinairement en lamelles rectangulaires allongées, d'un jaune clair et très-brillantes; la couleur des cristaux peut d'ailleurs varier suivant les circonstances de préparations, depuis le jaune verdâtre au jaune rougeâtre ou brunâtre.

Il a une saveur légèrement acide et très-amère. Chauffé, il fond en une huile jaune, qui se concrète par le refroidissement en masse cristalline; chauffé fortement et brusquement, il se décompose avec explosion.

Il se dissout sans altération dans les acides sulfurique et nitrique concentrés, d'où l'eau le précipite de nouveau.

Son pouvoir tinctorial est extraordinaire. De l'eau renfermant 1/10,000 d'acide picrique est colorée en jaune clair; avec une dilution de 1/300,000 la teinte jaune est encore sensible, même sur une épaisseur de liqueur qui ne dépasse pas trois centimètres.

Il colore la peau, la laine et la soie en jaune pur et intense.

Il forme, avec les oxydes métalliques, des sels généralement très-bien cristallisés, de couleur jaune ou jaune orange, très-amers, et qui, chauffés vivement, détonnent souvent très-fortement, surtout en vases clos. [Voyez Gerhardt, *Chim. org.* III, p. 41, et Carey Lea, *Répert. de Chim. pure*, 1, p. 229.]

MM. Fritzche (Pétersb. *Acad. Bullet.* XVI. 150) et Eisenstuck (*Ann. Ch. Pharm.* CXIII, p. 169.) ont observé la propriété remarquable de l'acide picrique de fournir des combinaisons définies et bien cristallisées avec certains hydrocarbures.

Le picrate de benzol ou benzine, $C^{12} H^5 (NO^4)^3 O^6 + C^{12} H^6$, cristallise en prismes rhombiques jaune clair; le picrate de naphtaline, $C^{12} H^5 (NO^4)^3 O^6 + C^{20} H^8$, en aiguilles d'un jaune d'or; la combinaison $C^{12} H^5 (NO^4)^3 O^6 + C^{18} H^{10}$, obtenue avec une huile de goudron distillant à une température assez élevée, se présente sous forme de prismes rectangulaires d'un rouge rubis.

M. Eisenstuck obtint, avec des hydrocarbures retirés de l'huile de pétrole, des combinaisons paraissant renfermer dans un cas 8 équiv., dans un autre cas 4 équiv. d'acide picrique sur 1 équiv. de $C^{12} H^{18}$.

L'acide picrique est assez facile à caractériser, soit par sa coloration jaune, soit par sa saveur amère; mais d'autres composés nitrés présentant les mêmes caractères, il convient d'y ajouter les réactifs suivants:

Une solution ammoniacale de sulfate de cuivre, qui donne un précipité cristallin verdâtre;

Une solution de sulfure alcalin avec excès d'alcali, qui, à chaud, donne un liquide rouge foncé;

Une solution ammoniacale d'un cyanure alcalin, qui, à chaud, détermine également une coloration rouge intense; cette dernière réaction est la plus sensible.

Emploi de l'acide picrique en teinture.

L'acide picrique sert pour la teinture de la laine et de la soie en jaune, qui se distingue par une grande pureté de nuance.

Pour cette application, il n'est nullement nécessaire d'opérer avec un acide picrique chimiquement pur; il suffit qu'il soit exempt de matières goudronneuses ou résineuses.

En effet, il existe, outre les combinaisons nitrées du phénol, d'autres combinaisons nitrées d'hydrocarbures ou de corps homologues au phénol, qui, de même que l'acide picrique, ont la propriété de teindre en jaune les tissus d'origine animale.

Ainsi l'acide picrique impur, obtenu par l'oxydation de l'huile lourde du goudron, riche en phénol et en crésyl, peut parfaitement servir, s'il est complétement soluble dans l'eau acidulée d'acide sulfurique, ou, du moins, si, en filtrant, il ne reste qu'une minime quantité de matière jaune résineuse sur le filtre. (Ces matières jaunes sont généralement des corps nitrés neutres, solubles dans une eau fortement acidulée d'acide nitrique, mais insolubles ou excessivement peu solubles dans de l'eau pure ou dans de l'eau acidulée d'acide sulfurique.)

Souvent l'acide picrique commercial contient des corps qu'on y introduit frauduleusement, comme, par exemple, du nitre, du sulfate de soude, du sucre, de l'acide oxalique. Ce dernier acide peut cependant s'y rencontrer naturellement et provenir de l'oxydation très-avancée de matières goudronneuses par l'acide nitrique. On le reconnaît facilement par le précipité formé dans une solution aqueuse étendue d'acide picrique en y ajoutant de l'eau de chaux. (Winckler. *Polyt. Centralb.*, 1858, p. 1498.)

La teinture avec l'acide picrique est des plus faciles.

On dissout l'acide dans de l'eau tiède, en quantité plus ou moins grande, suivant l'intensité de la nuance jaune qu'on veut produire.

Il n'en faut point une quantité relativement considérable, puisque 1 gr. d'acide picrique suffit pour teindre en jaune assez foncé près de 1 kil. de soie.

On teint la soie à 30°-40° centigr. sans la mordancer et sans laver après la teinture. On obtient des nuances depuis le jaune paille jusqu'au jaune citron et jaune mais.

De la soie douce et cuite devient un peu plus dure et raide après la teinture en acide picrique.

Le jaune d'acide picrique résiste très-bien à l'air et à la lumière; un peu moins bien au lessivage.

La laine se teint également très-facilement à chaud et à froid avec l'acide picrique; souvent on la mordance avec de l'alun et du tartre, la teinte jaune étant alors plus solide.

Le coton ne se teint pas du tout dans la solution aqueuse d'acide picrique, à moins qu'il n'ait été animalisé préalablement, par exemple, avec de l'albumine, du tannate de gélatine, de la caséogomme, etc.

En associant à l'acide picrique du carmin d'indigo, on obtient des verts extrêmement purs et brillants sur laine et sur soie.

Une solution assez concentrée de ces deux substances constitue une encre verte très-belle.

En imprimant sur des étoffes teintes en jaune picrique du chlorure stanneux ou du chlorure ferreux et un alcali, il y a transformation de la coloration jaune en coloration rouge (formation d'acide picramique ou nitrohématique) qui disparaît en lavant, en laissant l'étoffe décolorée et blanche.

La facilité avec laquelle l'acide picrique teint la laine et la soie, sans affecter le coton, a été utilisée pour reconnaître les fils et tissus mélangés. On n'a qu'à les plonger pendant 5 à 10 minutes dans une solution d'acide, ou même seulement à y faire tomber une goutte de solution picrique, puis laver et exprimer. Tous les fils de laine et de soie seront teints en jaune, tandis que les fils de coton et de lin seront restés parfaitement blancs. (Fehl. *Polyt. Notizbl.*, VIII, p. 201.)

Transformation de l'acide picrique en d'autres matières colorantes.

Lorsqu'on chauffe l'acide picrique avec un mélange d'acide chlorhydrique et de chlorate de potasse, il se convertit en *chloropicrine* : $C^2 Cl^3 (NO^4)$, et en *chloranile* ou *quinone perchlorée* : $C^{12} Cl^4 O^4$.

La première est une huile incolore, mais le dernier composé cristallise en paillettes jaune pâle, d'un éclat métallique et nacré, qui se dissolvent dans les alcalis, en donnant un liquide pourpre, renfermant de l'*acide bichloro-quinonique*.

En dissolvant la chloranile dans l'ammoniaque, on obtient un liquide rouge de sang foncé, renfermant de l'acide *bichloro-quinonamique* ou *chloranilamique*.

MONITEUR SCIENTIFIQUE 1862.

D'après M. Pisani, en chauffant des équivalents égaux d'acide picrique et de perchlorure de phosphore (*Comptes-rendus*, XXXIX, p. 852), on obtient le *chlorpicryl* ou *chlortrinitrophényl* : $C^{12} H^2 (NO^4) {}^3Cl$ solide et jaune.

Ce dernier, traité par le carbonate ammonique, se transforme en *picramide* : $C^{12} H^4 (NO^4)^3 N$, dont les cristaux sont jaune foncé par transmission et violets par réflexion.

En traitant l'acide picrique par le brôme, on obtient, d'après M. Stenhouse (*Philos. Mag.* (4), VIII, p. 38), de la *bromopicrine* : $C^2 Br^3 (NO^4)$ et de la *bromanile* : $C^{12} Br^4 O^8$, qui cristallise en paillettes jaunes un peu orangées.

Ces dernières se dissolvent dans la potasse caustique avec une couleur pourpre, et la solution dépose des cristaux bruns-rouges du *bromanilate de potasse* : $C^{12} Br^4 O^8$, $2 KO + 2$ éq.

Ce sel, décomposé par l'acide sulfurique, fournit l'*acide bromanilique* : $C^{12} Br^4 H^2 O^8$, qui cristallise en paillettes cristallines rougeâtres, bronzées, et se dissout dans l'eau et l'alcool avec une couleur violette rougeâtre.

Un mélange d'acide picrique, d'alcool, de limaille de fer et d'acide acétique étant soumis, pendant une heure, à la température du bain-marie (Carey-Lea, *Sillim. Amér. Journ.* XXII, p. 180), on obtient, en filtrant, une liqueur bleu foncé très-intense, dont la teinte est tantôt bleu pur, tantôt bleu violacé, tantôt bleu verdâtre. Elle n'est point altérée d'une manière sensible par l'addition d'un acide. Les alcalis la détruisent.

La liqueur bleue, abandonnée à elle-même, s'altère rapidement ; elle devient brune, trouble, et finit par déposer une petite quantité d'une poudre noirâtre ne présentant aucune trace de cristallisation.

En traitant l'acide picrique par du zinc et de l'acide sulfurique étendu, pendant plusieurs heures, ajoutant à la solution de l'alcool, filtrant et chauffant la liqueur filtrée avec du bicarbonate de potasse, qu'on y projette par portions successives, on obtient une liqueur d'un assez beau violet, qu'une nouvelle addition d'alcali convertit en bleu un peu foncé. Suivant que la liqueur présente une réaction acide ou alcaline, la nuance vire au violet ou au bleu. La coloration est toujours très-fugitive. Abandonnée pendant quelque temps, la liqueur devient brune, trouble, et dépose une poudre amorphe noirâtre, soluble dans les acides, insoluble dans les alcalis.

En faisant réagir, d'après M. Reussin (*Bullet. de la Société chimique*, 1861, n° 3, p. 60), 15 p. d'acide chlorhydrique pur, 1 p. d'acide picrique cristallisé et 5 p. de grenailles d'étain, on remarque qu'en chauffant le mélange, une réaction énergique se déclare bientôt : tout l'acide picrique disparaît et la liqueur devient limpide, quelquefois incolore, quelquefois légèrement colorée en brun. Par le refroidissement, il se dépose une grande quantité de cristaux nacrés, que l'on exprime.

On dissout ces cristaux dans l'eau et on fait passer dans la solution un courant d'hydrogène sulfuré pour précipiter l'étain ; on filtre et on fait évaporer la liqueur limpide et incolore sous le récipient de la machine pneumatique. On obtient des cristaux blancs, brillants, fort solubles dans l'eau.

C'est probablement l'hydrochlorate d'une nouvelle base. Ce produit s'oxyde avec la plus grande facilité. En dissolvant dans un litre d'eau aérée seulement 5 centigrammes de ces cristaux, on obtient un liquide présentant une coloration bleu violet, très-riche et très-intense. Les oxydants divers : acide nitrique, perchlorure de fer, bichromate de potasse, etc., produisent le même résultat avec plus d'intensité encore.

Une des réactions les plus intéressantes est celle qu'exerce le cyanure de potassium sur l'acide picrique.

Elle a été signalée pour la première fois par M. Carey-Lea (*Sillim. Amér. Journ.*, nov. 1858), qui avait pensé, mais à tort, qu'il y avait transformation d'acide picrique en acide picramique ; c'est à un beau travail de M. Hlasiwetz (*Ann. der Chem. u. Pharm.*, CX, p. 289) que nous devons la connaissance exacte de ce qui se passe dans cette réaction. Elle a également été examinée par A. Baeyer. (*Institut.*, 1859, p. 870.)

En mélangeant des solutions chaudes et concentrées de cyanure de potassium et d'acide picrique, le mélange prend immédiatement une teinte violet pourpre très-intense, et bientôt il s'y forme une multitude de petits cristaux à éclat métallique verdâtre.

On opère le mieux avec les proportions suivantes :

On dissout 2 p. de cyanure de potassium dans 4 p. d'eau à 60°, et on y verse graduellement et en agitant la solution de 1 p. acide picrique dans 9 p. d'eau bouillante. La liqueur répand l'odeur d'ammoniaque et d'acide cyanhydrique, et présente, après refroidissement, un magma cristallin.

On jette sur une toile, on exprime, on délaie le résidu cristallin dans un peu d'eau froide, on filtre de nouveau, on lave avec un peu d'eau froide, on presse une seconde fois, et on fait enfin recristalliser, par refroidissement de la solution, les cristaux purifiés dans une assez grande quantité d'eau bouillante.

On obtient ainsi un sel de potasse, qui se sépare des eaux-mères en une croûte vert cantharide ou en paillettes cristallines, rouges-brunes par transmission, et vertes métalliques par réflexion.

Pour purifier ce sel, on peut encore tirer parti de son insolubilité dans une solution concentrée de carbonate de potasse ; à cet effet, on dissout les cristaux impurs dans l'eau, on ajoute à la solution un peu refroidie du carbonate potassique, qui sépare le sel sous forme de précipité brun-rouge pulvérulent et cristallin, on exprime, on lave à l'eau froide, et on fait recristalliser dans l'eau bouillante.

L'acide du sel de potasse ainsi obtenu, qu'on ne peut isoler sans qu'il se décompose immédiatement, est, d'après M. Hlasiwetz, l'acide *isopurpurique*, isomère de l'acide purpurique contenu dans la murexide : $C^{10}H^5N^5O^{10}$.

M. Baeyer l'appelle acide *picrocyanmique* et lui attribue la formule $C^{14}H^5N^5O^{10}$, qui ne diffère de celle de M. Hlasiwetz que par 2 équiv. d'eau : H^2O^2.

En effet :

$$C^{14}H^5N^5O^{14} - H^2O^2 = C^{14}H^5N^5O^{10}.$$

Nous pensons, avec M. Nicklès, que l'acide isopurpurique n'est pas seulement isomère, mais identique avec l'*acide purpurique*, et qu'en faisant réagir du cyanure ammonique sur l'acide picrique, ou en décomposant ce sel de potasse par le chlorure ammonique, on obtient la murexide véritable.

Aussi désignons-nous ce sel de potasse, dont la préparation et la purification viennent d'être décrites, sous le nom de purpurate ou bipurpurate potassique, car l'acide purpurique est un acide bibasique.

Le *purpurate de potasse* ($C^{10}H^4N^5O^{11}$, KO), peu soluble dans l'eau froide, plus soluble dans l'eau bouillante et dans l'alcool étendu, possède une grande force colorante. La solution aqueuse est d'une très-belle teinte pourpre.

Lorsqu'on chauffe ce sel, il détonne à 215 degrés assez fortement.

La solution aqueuse est précipitée par les sels d'argent, de plomb, de mercure et de baryte, mais non par ceux de chaux, de strontiane, de zinc et de cuivre.

Le *purpurate de soude* est plus soluble que celui de potasse. On l'obtient par l'action du cyanure de sodium sur l'acide picrique. Sel vert métallique dont la solution est rouge pourpre.

Purpurate ammonique, murexide. — Ce beau sel s'obtient en ajoutant du chlorure ammonique à une solution concentrée de sel potassique.

Il se dépose en cristaux cunéiformes bruns-rouges, à reflet métallique vert doré très-brillant. Il est peu soluble dans l'eau froide, mais se dissout complètement dans l'eau bouillante en une couleur pourpre magnifique des plus intenses. Chauffé brusquement, il s'enflamme et brûle comme de la poudre. Sa formule est $C^{16}H^5N^6O^{14} = C^{16}H^4N^5O^{11} + NH^3, HO$.

Purpurate barytique. — Se précipite sous forme de poudre cristalline d'un rouge vermillon, en ajoutant du chlorure barytique à la solution d'un purpurate alcalin. Ce précipité est soluble dans l'eau bouillante et se dépose de cette solution pourpre en très-petits cristaux à reflet vert cantharide. Ce beau sel détonne en émettant une lumière verte brillante.

Purpurate calcique. — Obtenu par mélange de solutions concentrées de chlorure de calcium et de purpurate ammonique, il se dépose sous forme de belles aiguilles vertes à reflet métallique, représentées par la formule $C^{16} H^4 N^5 O^{11}$, $CaO + 2aq$.

Le nitrate d'argent précipite le purpurate potassique en brun ; ce précipité est soluble avec une couleur pourpre dans beaucoup d'eau bouillante.

L'acétate de plomb occasionne un précipité brun-rouge ou brun-violet, également soluble dans beaucoup d'eau bouillante.

L'acide purpurique obtenu avec l'acide picrique ne peut pas être mis en liberté sans se décomposer immédiatement en d'autres produits, exactement comme cela a lieu pour l'acide purpurique de la murexide préparée au moyen de l'acide urique.

Nous ne décrirons pas ici les procédés employés pour l'application de la murexide à la teinture ou à l'impression (voyez *Moniteur scientifique*, vol. II, 1859, p. 265). Nous rappellerons seulement que le sublimé corrosif, les sels de zinc, de plomb et d'étain y jouent un rôle important. Ces procédés ont d'ailleurs perdu la presque totalité de leur importance, depuis la découverte des couleurs d'aniline ; l'emploi de ces dernières a fait abandonner à peu près partout celui de la murexide, malgré le degré de perfection vraiment remarquable auquel on était arrivé dans la préparation de cette matière colorante.

M. Griess (*Ann. der Chem. Pharm.*, CIX, p. 286) a décrit l'acide *dinitro-chlorophénique* qu'on obtient en traitant le phénol d'abord par le chlore (en évitant un trop fort échauffement du liquide), puis par l'acide nitrique. Sa formule est $C^{12} H^3 Cl (NO^4)^2, O^2$ Il est jaune, très-amer, et teint la peau en jaune comme l'acide picrique. En traitant ce composé par le sulfhydrate ammonique, il se transforme en un acide amidé, l'acide *amido-nitrochlorophénique*,

$$C^{12} H^3 N^3 ClO^6 = C^{12} H^3 (NO^4) (NH^2) ClO^4,$$

qui, desséché à 100 degrés, se présente sous forme de poudre cristalline écarlate, et constitue avec les bases des sels dont les solutions sont couleur rouge de sang ou rouge brunâtre.

RÉDUCTION DES COMPOSÉS NITRÉS DU PHÉNOL PAR LL SULFHYDRATE AMMONIQUE.

Pour terminer l'histoire chimique du phénol au point de vue des matières colorantes artificielles auxquelles il donne naissance, nous avons encore à examiner la manière dont se comportent ses produits nitrés en présence de corps réducteurs et sous l'influence d'une réaction alcaline.

Ces conditions sont admirablement remplies par le sulfhydrate ammonique.

L'acide binitrophénique $C^{12} H^4 (NO^4)^2 O^2$, ou plutôt son sel ammoniacal chauffé avec une solution de sulfhydrate ammonique, donne naissance à une réaction très-énergique. La masse devient presque noire et dépose au bout d'un certain temps, et par le refroidissement, des aiguilles d'un beau noir.

Le composé qui se forme dans cette réaction, étudiée par MM. Laurent et Gerhardt (*Compt.-rendus de l'Acad.*, 1849, p. 468), est l'acide *nitrophénamique* ou *acide dinitrodiphénamique* (acide aminitrophénylique)

$$C^{12} H^4 (NO^4)^2 O^2 + 6 HS = C^{12} H^4 (NO^4) (NH^2) O^2 + 4 HO + 6 S.$$
$$\text{Acide binitrophénique.} \qquad \text{Acide aminitrophénylique.}$$

Pour l'obtenir pur, on ajoute de l'acide acétique, on fait bouillir, on filtre et on laisse cristalliser. Les cristaux obtenus sont recristallisés par dissolution dans l'eau bouillante et refroidissement.

L'acide nitrophénamique cristallise en aiguilles hexagonales d'un brun noirâtre, renfermant

2 atomes d'eau de cristallisation. Il est peu soluble dans l'eau froide, assez soluble dans alcool et l'éther.

Il se dissout dans l'ammoniaque avec une couleur rouge foncé.

Son sel de potasse, dont la solution est brun-rouge, peut être obtenu en petits mamelons cristallins d'un rouge foncé, très-solubles dans l'eau.

Les sels de baryte et de chaux cristallisent en aiguilles rouge brunâtre.

L'acide nitrophénamique, traité par l'acide nitreux, donne naissance, d'après Griess (*Ann. Chem. und Pharm.*, CVI, p. 123) à un composé cristallin jaune, dont la composition est exprimée par la formule $C^{12}H^5N^5O^9 + HO$.

L'acide nitropicrique ou trinitrophénique $[C^{12}H^3(NO^4)^3O^2]$ éprouve, dans les mêmes circonstances, une réduction semblable et se transforme en *acide picramique*

$$[C^{12}H^4(NO^4)^2(NH^2)O^2].$$

M. Woehler (Poggendorff, *Ann.*, XIII, p. 448), en dissolvant 1 partie d'acide nitropicrique et 7 parties de sulfate ferreux dans de l'eau chaude, ajoutant ensuite une solution bouillante de baryte caustique, avait obtenu une liqueur d'un rouge très-foncé, renfermant le sel de baryte d'un acide nouveau coloré en rouge, auquel il donna le nom d'*acide nitrohématique*.

Pour isoler l'acide, il éliminait l'excès de baryte par un courant d'acide carbonique, précipitait la liqueur par l'acétate de plomb, filtrait, lavait le nitrohématate plombique rouge-brun avec de l'eau froide, et le décomposait enfin par de l'hydrogène sulfuré.

La liqueur filtrée, évaporée fortement, laissait ensuite déposer l'acide nitrohématique, par le refroidissement, en petits grains cristallins bruns.

Déjà Gerhardt (*Traité de Chimie organ.*, III, p. 46) avait émis l'opinion que l'acide nitrohématique n'était autre chose que de l'acide picramique impur. Cette prévision de Gerhardt fut confirmée par MM. Aimé Girard (*Compt.-rendus de l'Acad.*, XLII, p. 59) et Pugh (*Ann. Chem. und Pharm.*, XCVI, p. 83).

Nous devons à M. Aimé Girard les premières notions très exactes sur l'acide picramique. Il prépare cet acide (*Compt.-rendus de l'Acad.*, 1853, XXXVI, p. 421) en saturant l'acide picrique en solution alcoolique par l'ammoniaque, et traitant la solution par un excès de gaz hydrogène sulfuré. La liqueur se colore en rouge très-intense et laisse déposer une masse de cristaux d'un rouge foncé.

En distillant les eaux mères alcooliques, il se dépose du soufre, et l'on obtient une nouvelle quantité de ces cristaux rouges, qui ne sont autre chose que le *picramate ammonique*.

En dissolvant ce sel dans de l'eau bouillante, ajoutant un excès d'acide acétique et laissant refroidir, l'acide picramique cristallise sous forme de tables ou d'aiguilles brillantes d'un rouge grenat, facilement solubles dans l'alcool et l'éther, peu solubles dans l'eau, même chaude.

L'acide picramique pulvérisé est d'un rouge orangé; il fond à 165° et se décompose à une température plus élevée.

La formule suivante représente la dérivation de l'acide picramique de l'acide picrique :

$$C^{12}H^3(NO^4)^3O^2 + 6HS = C^{12}H^4(NO^4)^2(NH^2)O^2 + 4HO + 6S.$$

Acide trinitrophénique.   Acide picramique.

L'acide picramique prend également naissance en traitant l'acide picrique par l'acétate ferreux, les sulfures alcalins, par les chlorures stanneux et cuivreux, par l'hydrogène à l'état naissant, etc.

D'après Pugh, si l'on fait réagir un grand excès de sulfate ferreux sur l'acide picrique, ajoutant ensuite de la soude caustique et filtrant, on obtient une liqueur incolore qui, par l'addition d'un acide, prend une teinte bleue très-foncée. Cette teinte passe à l'air ou par l'ébullition successivement au pourpre, puis au jaune, et la liqueur finit par devenir brun sale.

Cette réaction présente quelque analogie avec celle observée par M. Roussin en faisant réagir de l'étain et de l'acide chlorhydrique sur l'acide picrique.

En faisant passer des vapeurs d'acide nitreux dans une solution d'acide picramique, on obtient, d'après Griess (*Ann. Chem. and Pharm.*, CVI, p. 123), une précipitation de lamelles d'un jaune de laiton, dont la composition correspond à la formule $C^{12}H^3N^4O^{12}$. Les eaux mères contiennent en dissolution de l'acide dinitrophénique.

Les sels de l'acide picramique, étudiés par M. Girard, se distinguent par la beauté de leur nuance, et peuvent être obtenus très-souvent à l'état cristallisé.

Le **picramate ammonique** cristallise en tables rhomboïdales d'un rouge orangé foncé, facilement solubles dans l'eau et l'alcool. La solution alcoolique est d'un beau rouge. La solution aqueuse, soumise à une ébullition prolongée, se décompose peu à peu et laisse déposer une poudre brune.

Le **picramate potassique** cristallise également en tables rhomboïdales allongées, et brillantes d'un beau rouge.

Le **picramate barytique** se dépose en houppes soyeuses, formées d'aiguilles rouges et dorées.

Le **picramate de plomb** s'obtient par double décomposition sous forme de poudre orangée, un peu soluble dans l'eau, détonnant par la chaleur et même par un choc violent.

L'acide picramique et ses sels peuvent jouer le rôle de matières colorantes, et si nous ne nous trompons, on a même pris, il n'y a pas trop longtemps, un brevet pour l'application de l'acide picramique à la teinture, quoique les propriétés colorées et colorantes de ce corps soient parfaitement connues depuis 1853, époque de la publication du beau travail de M. A. Girard.

M. Fréd. Fol (*Répert. de Chim. appliq.*, 1862, juin, p. 179), a publié quelques observations sur l'action de l'acide arsénique sur le phénol. En chauffant pendant douze heures à 100°, dans une chaudière en fer, 6 parties de phénol avec 3 parties d'acide arsénique desséché et réduit en poudre fine, et remuant fréquemment, on remarque que le mélange se colore peu à peu. La coloration augmente à mesure que la matière s'épaissit, en dégageant de la vapeur d'eau. Après douze heures, on élève la température à 125° centigrades, et on la maintient ainsi pendant six heures ; le mélange, qui se boursouflait faiblement, devient pâteux et s'affaisse graduellement.

Lorsque toute action a cessé, on peut constater que l'odeur du phénol a presque entièrement disparu ; on ajoute alors 10 parties d'acide acétique du commerce à 7°, et l'on chauffe le tout jusqu'à dissolution complète.

Il se forme une liqueur excessivement foncée, qu'on décante, et l'on épuise de nouveau le résidu avec 2 parties d'acide acétique.

Les liqueurs filtrées renferment une matière colorante jaune, qu'on précipite sous forme de flocons, en étendant le tout de 12 parties d'eau et saturant par du sel marin. Le précipité, recueilli sur un filtre, est redissous dans l'eau et la solution filtrée précipitée de nouveau en la saturant de sel marin. Le précipité, recueilli et séché, se présente sous forme de paillettes mordorées douées d'un vif éclat.

Cette matière colorante, à laquelle l'auteur propose de donner le nom d'*acide xanthophénique*, se dissout en quantité notable dans l'eau froide ; la solution est jaune d'or ; mais elle est beaucoup plus soluble dans l'eau bouillante, d'où l'acide xanthophénique se dépose par le refroidissement en paillettes ou lamelles mordorées. Ce corps est soluble dans l'alcool, l'esprit de bois et l'éther et dans tous les acides ; il est insoluble dans la benzine.

L'acide sulfurique concentré le dissout à froid ; par l'addition d'eau, la solution n'éprouve aucune altération, et la matière colorante paraît conserver toutes ses qualités primitives.

Les alcalis concentrés ou étendus, les carbonates alcalins et terreux, dissolvent l'acide xanthophénique avec une extrême facilité, en donnant naissance à des sels rouges.

Ces sels teignent parfaitement la soie et la laine, depuis le rouge le plus foncé jusqu'au rose le plus tendre.

On peut se servir de la solubilité du sel de baryte comme moyen de purification. A cet effet, on dissout l'acide xanthophénique, tout en le faisant bouillir avec deux fois son poids de carbonate barytique fraîchement précipité. La liqueur filtrée bouillante, saturée exactement par l'acide sulfurique, filtrée de nouveau et saturée de sel marin, fournit le nouveau corps dans un grand état de pureté.

L'acide xanthophénique libre teint la laine et la soie en jaune, sans l'aide de mordant; les teintes résistent parfaitement au savon. La nuance rouge acquiert aussi une plus grande vivacité par le savonnage.

M. Fol espère que cette nouvelle matière colorante, qu'il considère comme différente de celle décrite par MM. Kolbe et Schmidt, pourra être utilisée avec avantage dans l'impression.

Dans ces derniers temps, une autre matière colorante jaune, également dérivée du phénol, a été signalée à l'exposition de Londres.

C'est la **chrysaniline**, constatée et isolée par M. Nicholson dans le rouge brut d'aniline, examinée et analysée par M. Hofmann. La chrysaniline est aussi remarquable par sa composition que par ses propriétés.

C'est une base puissante, douée d'une force colorante jaune remarquable. Elle teint la laine et la soie sans mordants en jaune d'or magnifique. Elle forme avec les acides des sels jaunes ou oranges, généralement bien cristallisés et dont plusieurs sont très-peu solubles dans l'eau.

L'un des sels les plus curieux sous ce rapport est le nitrate de chrysaniline. Il est si peu soluble dans l'eau, qu'on peut presque s'en servir pour doser l'acide nitrique. En effet, si, à une liqueur renfermant de l'acide nitrique même très-étendu, on ajoute de l'acétate ou de l'hydrochlorate de chrysaniline, il se dépose bientôt des cristaux très-bien caractérisés de nitrate de chrysaniline.

La chrysaniline renferme 2 équivalents d'hydrogène de moins que la rosaniline, et ces deux bases forment avec la leucaniline une série des mieux caractérisées. On a en effet :

$$
\begin{aligned}
\text{Chrysaniline} &\ldots\ldots\ldots\ldots\ldots C^{40} H^{17} N^3, \\
\text{Rosaniline} &\ldots\ldots\ldots\ldots\ldots C^{40} H^{19} N^3, \\
\text{Leucaniline} &\ldots\ldots\ldots\ldots\ldots C^{40} H^{21} N^3.
\end{aligned}
$$

Nous devons ces renseignements à l'obligeance de M. Hofmann, qui ne tardera pas à publier un mémoire sur la composition et les propriétés de la chrysaniline et de ses sels.

Nous croyons devoir rappeler que M. Béchamp avait déjà signalé la présence d'un composé jaune dans le rouge brut d'aniline, mais sans donner d'autre renseignement à son égard.

Dans la nombreuse série d'articles que nous avons successivement publiés, nous avons tâché de présenter le mieux possible l'état actuel de nos connaissances concernant les principales matières colorantes dérivées de substances renfermées dans le goudron de houille.

Mais telle est l'ardeur avec laquelle ce champ si fécond se trouve cultivé et exploité dans ce moment par les chimistes et industriels, qu'il ne se passe presque pas de semaine sans que de nouveaux faits viennent s'ajouter à ceux déjà connus.

Les matières colorantes artificielles dérivées du goudron offrent peut-être l'exemple le plus frappant des services éminents que la chimie est appelée de plus en plus à rendre à l'industrie.

On peut bien dire que, grâce à elle, nous assistons à une révolution complète dans les conditions fondamentales des grandes industries de la teinture et de la toile peinte.

Il est à prévoir que les matières colorantes artificielles tendront de plus en plus à se substituer aux matières colorantes naturelles, et provoqueront des changements extrêmement importants, non seulement dans les procédés manufacturiers, mais encore dans les conditions commerciales et agricoles d'un grand nombre de pays.

Le goudron est encore loin d'avoir dit son dernier mot dans cette question importante; car, comme l'a si bien exprimé M. Hofmann dans sa brillante leçon sur les couleurs mauve et magenta, le goudron de houille est une mine presque inépuisable de découvertes scientifiques et industrielles. Nous ajouterons que cela doit nous stimuler à donner le plus d'extension possible à l'exploitation de nos richesses houillères, car il devient plus que jamais nécessaire que la France ne reste pas dans un trop grand état d'infériorité vis-à-vis de l'Angleterre dans la production d'une matière, dont l'époque actuelle a démontré sous un tout nouvel aspect quels éléments de richesse, de prospérité et de puissance elle renferme.

E. Kopp.

(*Extrait du* MONITEUR SCIENTIFIQUE.)

11864   PARIS. — Typographie de RENOU et MAULDE, rue de Rivoli, n° 144.